——愿本书能给正在追求卓越的您带来借鉴与启示！——

一滴水可以折射太阳的光辉，
一本书可以影响人生和命运！

快乐的人生

「美」戴尔·卡耐基 / 著　刘希 / 主编

内蒙古出版集团
远方出版社

图书在版编目（CIP）数据

快乐的人生 /［美］戴尔·卡耐基 著；刘希 主编．——呼和浩特：远方出版社，2015.8

ISBN 978－7－5555－0463－4

Ⅰ.①快… Ⅱ.①刘… Ⅲ.①人生哲学－通俗读物 Ⅳ.①B821－49

中国版本图书馆 CIP 数据核字（2015）第 205200 号

快乐的人生

著　　者　［美］戴尔·卡耐基
译　　者　刘　希
责任编辑　董美鲜　雅茹贵
装帧设计　柏拉图创意机构
出版发行　内蒙古出版集团　远方出版社
社　　址　呼和浩特市乌兰察布东路 666 号
　　　　　（电话：0471－2236466 邮编：010010）
经　　销　新华书店
印　　刷　北京振兴源印刷有限公司
开　　本　880mm×1230mm　1/32
字　　数　136 千
印　　张　8
版　　次　2015 年 10 月第 1 版
印　　次　2016 年 3 月第 2 次印刷
标准书号　ISBN 978－7－5555－0463－4
定　　价　28.00 元

阅读本套丛书可获得的10项技能：

1．突破思维定式，树立新观念，拓展新视野，获取自信心。

2．快速建立人脉圈子，并赢得朋友的肯定。

3．提升个人魅力，更受他人欢迎。

4．学会提出真诚、中肯的建议，使别人乐于赞同。

5．掌握职场人际交往的真谛，扩大影响力并提高应变能力。

6．宽容大度，甘于奉献，建立和谐的人际关系。

7．把话说到他人的心窝里。

8．逻辑清晰，严于律己，培养出色的管理能力。

9．摆脱忧虑，愉悦充实地过好每一天。

10．学会营造和谐的家庭环境及幸福美满的夫妻生活。

阅读本套丛书的9条建议：

1. 建立一种为人处世的原则，并将这一原则带入日常生活中并加以灵活运用。
2. 在阅读下一章之前，将前面的章节再仔细研读两遍。
3. 阅读时要做到举一反三，学会把书中的每项建议运用到实践中去。
4. 把对自己有重要帮助的句子做上标记，以加深记忆和理解。
5. 把本书放在容易拿到的地方，以便随时翻阅，至少每月将它温习一次。
6. 把本书当作你的高级参谋，在生活和工作中，一有机会就运用这些原则。
7. 让身边的人监督自己，当你违反某项原则而被他们发现时，就给他们一美元以警示自己。
8. 每周自我反省一次，哪些地方该得到肯定，哪些地方有待改进，以后要如何做得更好。
9. 最后准备一个笔记本，写下自己在实践中的感悟。

作者自序 | Preface

在20世纪前35年当中，美国的出版商曾发行过20多万种图书，但大多数图书可读性不强、实用性差，从而导致销售业绩不佳，许多图书难以收回成本。世界上最大的书局之一的经理最近向我诉苦说，作为一家拥有75年出版经验的公司，他们每出版8种书就有7种书收不回成本，亏损比例高得惊人。

在图书市场如此低迷的情况下，为什么我仍信心十足地冒险写作本丛书呢？在我写好之后，你为什么还要花钱购买，并且愿意花费宝贵的休息时间去阅读它呢？这些问题都很有道理，在下文中我将一一做出回答。从1912年起，我在纽约为职场与商务人士讲授教育课程。起初我只开设了演讲这门课程，用实战经验培训成年人，帮助他们在商务接洽及在公共场合中做到落落大方、应对自如，并且能更加明确、高效、稳健地发表自己的想法和见解。

经过几届的培训，我渐渐觉得这些成年人不仅急需受到演讲训练，而且更迫切需要在日常事务和人际交往中与人友好相处的技巧训练；同时也深切感悟到，我本人也需要这种训练。如何做到上亲下和、左右逢源地与人相处，是我当前面临的最大问题。作为一名商人更是如此。当然，如果你是一位会计师、家庭主妇、建筑师或工程师，也会面临这个问题。数年前，卡耐基基金会资助的一项调查研究表明——这一结果后来又由卡耐基技术研究院的另一项研究所证实：即使是从事技术工作的员工，他所获得的高额报酬，约15%来自于他的专业技术，约85%是来自于他为人处世的技巧，也就是他的个人魅力和领导能力。

多年以来，我每个季度都会在费城工程师俱乐部举办讲座，同时还在美国电机工程学会纽约分会开设讲座。约有1500名以上的工程师接受过我的训练，他们既有学历又有知识，之所以还要来参加我的讲座，是因为他们根据多年的观察与经验最终发现，报酬最高的工程师，通常不是专业知识最丰富的人。例如，我们可以用适当的报酬去雇用工程、会计、建筑或其他专业的技术人才，市场上永远都不缺专业人才。一般来说，获取高薪的人除了具备专业知识外，还具备领导能力以及激发他人潜能的能力。

美国石油大王洛克菲勒在其事业的鼎盛时期曾经说过："与人打交道也是一种可以购买的商品，正如糖或咖啡一样，我愿意支付比世上任何商品都要高的报酬来购买这种能力。"

你们不认为每所大学都应该开设这种与人相处的实用课程，来挖掘每个人最大的潜能吗？但是，直到我写本丛书为止，还没有哪一所大学开设了这门既实用又能满足成年人需求的课程。

芝加哥大学与青年会联合学校曾经耗资25000美元，用两年的时间在康涅狄格州的米利顿进行了一项调查，考察成年人最关心哪些问题。他们考察的问题多达156个，其中包括个人职业和专业、受教育程度、休闲方式、收入和爱好、婚姻和养老、保险和医疗……最终结果表明，在成年人最关注的问题中，健康排在第一位，其次就是如何与人相处，如何让自己得到别人的肯定与赞美，如何使别人接受自己的意见。

针对调查结果，调查委员会立即决定在米利顿为成年人开设一门如何与人相处的课程。然而，他们找不到任何一本有关这方面的实用书籍，最后他们找到了一家世界著名的成人教育机构，希望从这家机构找到能够满足成年人需求的书籍。这家成人教育机构的回答是否定的，并且说他们也知道这些成年人需要什么，但是他们所需要的书至今都没有人写。

由此可知，这话无疑是正确的，因为我自己也花了许多年的工夫去寻求一本人际关系学实用手册。苦于一直找不到这种书，我开始尝试自己写了几本，其中包括《人性的优点》《人性的弱点》《语言的突破》《美好的人生》《快乐的人生》，作为培训教材使用，希望你们会喜欢它们。

为了写好这些作品，我阅读了自己所能找到的有关资料，包括报刊杂志以及成功学家、哲学家、心理学家的著作。我还雇用了一位受过训练的研究员，花了一年半的时间，在各大图书馆阅读我所遗漏的东西，钻研各种心理学专著，浏览千百篇杂志文章，搜索无数人物传记，以了解各时代的伟大人物是如何与他人相处的。我阅读过自恺撒到爱迪生各个时代的人物传记。仅仅西奥多·罗斯福的传记，我就读了100多本，直到现在我仍清楚地记得其中的内容。我们不惜时间和金钱，决意要找到各个时期都曾使用过的有关赢得朋友及影响他人的切实方法。

我还亲自拜访过数十位成功人士和世界著名人物，如马可尼、罗斯福、杨·欧文、盖勃尔、约翰逊等，竭尽全力地了解他们为人处世的技巧。

我利用搜集的材料整理了一篇简短的演讲稿，题目叫作《如何赢得朋友以及影响他人》。令人遗憾的是，它的内容太少了，所以后来我把它补充成了一个半小时的演讲稿。多年来，当我每个季度在纽约的卡耐基研究所进行演讲时，都会用上这一篇。

起初我把这些规则写在和明信片差不多大小的卡片上，接着将它们印在大一些的卡片上，后来又印成了一本小册子，再后来它们成了一小套书系。它们的篇幅和内容，一直在不断地补充与完善之中，经过长达15年的实践与探索，终于推出了这套丛书。

当然，本丛书所讲述的规则不是一种肤浅的理论或无端揣测。它们在人际关系学方面有着立竿见影的奇效，听起来似乎令人难以置信，但这些规则确确实实地改变了我们的生活与事业。

一位拥有340个雇员的公司老板，每天总是不停地抱怨与责难他的员工，对他来说，赞美与鼓励员工是件奢侈品。当他学习了这套丛书以后，他的人生观与价值观发生了巨大的改变。现在，他的公司具有高度的凝聚力，340名员工都与他打成了一片。他在一次演讲中得意地说："以前我在公司里行走时，他们都对我敬而远之，即使面对面也会转过头去。现在他们都成了我的朋友，见面时既友好又亲切。"

这位老板用了不到10个月的时间便完成了全年的业绩，他不仅获得了更多的利润，而且在工作和家庭中也享受到了更多的幸福。

生活中，有无数推销员因为运用了书中的技巧，销售业绩直线上升。例如，许多销售员已经开发了很多新的大客户，而这些客户是他们以前不敢奢望的。许多公司的高级职员也获得了更大的职权，薪水得到了大幅增长。还有电力部门的高级职员，因为好大喜功、刚愎自用而被公司降职减薪，在接受这项培训后不仅恢复了职位，还拿到了比以前更多的薪水。

屡次参加课程训练的人妻（或人夫）对我说，自从他们接受了这种训练，他们的家庭比以前更加和谐了。

人们常常对自己所得到的结果感到十分惊异，这一切就像魔术一般，简直太不可思议了。有时候，他们会在休息时间或礼拜天打电话到我家来，激动不已地告诉我他们所取得的成就……

我还收到了许多学员的来信。其中，一位德国学员（他的祖先曾在德国贵族霍勒恩手下世代担任终身军官）在一艘横渡大西洋的轮船上，以一种近乎宗教式的虔诚，写信向我讲述了他运用这些规则的情况。还有一位毕业于哈佛大学、非常富有的老学员感叹道，他在14周时间里学到的关于影响他人的艺术，比他在哈佛大学4年间所学到的还要多许多。是不是令人难以置信？但它是千真万确的，因为这是这位老学员在1933年2月23日（星期四）晚上在纽约的雅尔俱乐部面对大约600人的公开演讲中所说的内容。

哈佛著名教授威廉·詹姆斯说："与我们应当取得的成就相比，我们不过是半醒着，我们现在只利用了身心资源的一小部分。广义地说，人类就是这样地生活着，远在其应有的极限之内。人类有着各种潜能，却惯于不会利用。"

开发你所拥有却仍未被利用的潜能吧！本丛书唯一的目的就是帮助你发现、发展和利用自身潜在的却又未曾利用的资源。

戴尔·卡耐基

一九三六年

目　录 | Contents

第一章　拥有快乐心境的原则

◎ 诅咒你的，要为他祝福；凌辱你的，要为他祷告；包容别人就是善待自己。

◎ 怀着爱心吃菜，比怀着怨恨吃肉要好得多。

◎ 我们应该极力消除思想中的错误想法，这比割除“身体上的肿瘤和脓疮”重要得多。

◎ 一个愤怒的人，浑身都是毒。

◎ 所谓好事，就是能使别人脸上露出微笑的事情。

◎ 假如我们消除内心的恐惧，即便我们的身体日渐衰老，也能让心灵永葆年轻。

不要试图报复仇人

即使我们不能爱我们的仇人，至少我们要爱我们自己。我们要使仇人不能控制我们的快乐、我们的健康和我们的外表。正如莎士比亚所说："不要因为你的敌人而燃起一把怒火，热得烧伤你自己。"

爱你的仇人，善待恨你的人；诅咒你的，要为他祝福；凌辱你的，要为他祷告。多年前的一个晚上，我正旅行经过黄石公园，一位森林管理人员骑在马上，跟我们这群兴奋的游客谈了一些关于熊的事情。他说，有一种大灰熊能够击倒西方所有的动物，除了水牛和另一种黑熊。但在那天晚上，我却注意到一只小动物——只有一只，那只大灰熊不但让它从森林里出来，而且和它一起在灯光下进食。那是一只臭鼬！大灰熊知道，它的巨灵之掌，可以一掌就把这只臭鼬打昏，但它为什么不那样做呢？因为它从经验里学到，那样做很划不来。

我也知道这一点。当我还是个孩子的时候，曾经在密苏里州的农庄上抓到过4只脚的臭鼬；长大成人后，我在纽约的街头也碰到过几个像臭鼬一样的2只脚的人。我从这些不幸的经验里发现，无论招惹哪一种臭鼬，都是划不来的。

当我们恨我们的仇人时，就等于给了他们制胜的力量，这种力量会妨碍我们的睡眠、胃口、血压、健康和快乐。如果我们的仇人知道他们是如何令我们担心，令我们苦恼，令我们一心想要报复的话，他们一定会高兴得跳起舞来。我们心中的恨意完全无法伤害到他们，反而会使我们的生活如同地狱。

你猜是谁说过："要是自私的人想占你的便宜，不要去理会他，更不要想去报复。当你想跟他扯平的时候，你伤害自己的会比伤到那家伙的更多……"这段话听起来好像是出自于理想主义者之口，其实不然。这段话来源于一份由米尔瓦基警察局所发出的通告。报复怎么会伤害你呢？当然会伤害。

根据《生活》杂志的报道，报复甚至会损害你的健康。"高血压患者的主要特征就是容易愤慨，"《生活》杂志写道，"愤怒不止的话，长期性的高血压和心脏病就会随之而来。"

现在你该明白耶稣所谓的"爱你的仇人"不只是一种道德上的教训，同时也是在宣扬一种 20 世纪的医学；当他说"要原谅 70 个 7 次"的时候，是在教我们如何避免高血压、心脏病、胃溃疡和许多其他的疾病。

我的一个朋友最近犯了一次严重的心脏病，医生要求他躺在床上，不论发生什么事情都不能生气。医生们都知道，心脏衰弱的人一发脾气就可能送掉性命。几年前，在华盛顿州的斯波坎城，有一个饭馆老板就是因为生气而死去。现在我面前就有一封从华盛顿州斯波坎城警察局局长杰瑞・斯瓦托那里来的信。信上说：

“几年以前，68岁的威廉·坎贝尔在斯波坎城开了一家小餐馆，因为他的厨子一定要用茶碟喝咖啡，令他活活气死——当时，那位小餐馆的老板非常生气，抓起一把左轮枪去追那个厨子，结果因为心脏病发作而倒地死去，手里还紧紧地抓着那把枪。

验尸官的报告称：‘他因为愤怒而导致心脏病发作。’”

当耶稣说“爱你的仇人”的时候，他也是在告诉我们怎样改进我们的外表。我想你也和我一样，认得一些女人，她们的脸因为怨恨而有了皱纹，因为悔恨而变了形，表情僵硬。不管怎样美容，对她们容貌的改进也及不上让她心里充满宽容、温柔和爱所能改进的一半。怨恨的心理，甚至会毁了我们对食物的享受。圣人说：‘怀着爱心吃菜，也会比怀着怨恨吃牛肉要好得多。’

如果我们的仇人知道对他的怨恨会使我们筋疲力尽，使我们疲倦而紧张不安，使我们受到伤害，甚至可能使我们失去生命的话，他们不是会拍手称快吗？

即使我们无法去爱我们的敌人，至少应该多爱自己一点。我们应该爱自己到不让敌人影响我们的心情、健康以及容貌。正如莎士比亚所说：“仇恨的怒火，将烧伤你自己。”

眼下我的桌上正放着一封信，它来自于瑞典乌普萨拉的乔治·罗纳先生。

多年来，他一直在维也纳从事律师工作，直到第二次世界大战开始，他才回到瑞典。这时的他身无分文，迫切需要一份工作。他会说写好几种语言，因此想找个进出口公司担任文书工作。但是，大多数公司都回信说，因为战争的缘故，他们现在不需要这种服务，不过他们会保留他的简历。其中，有个人这样回信给他：“你对我们公司的想象完全是错误的。你太愚蠢了，我完全不需要文书，即使我真的需要，我也不会雇用你，你连瑞典文字都写不好，你的信中错漏百出。”

收到这封信后，乔治·罗纳气得暴跳如雷。这个瑞典人居然敢说他不懂瑞典语！那他自己呢？他的回信才是错漏百出呢！乔治·罗纳马上写了一封回信，在信中有力地反击了对方。信写好后他停下来想了想，对自己说：“等等，我怎么知道他不对呢？我确实学过瑞典语，但它并非我的母语。也许我犯了错却不自知，假如确实如此，我应该加强学习，才能找到工作。这个人可能帮了我一个大忙，尽管他的本意并非如此。他表达得虽然很糟糕，但也不能抵消我欠他的人情。我应该写一封信感谢他才对。”

于是，乔治·罗纳把之前写好的回信撕掉，重新写了一封：“您根本不需要文书，但还是不厌其烦地给我回信，真是太难得了。很抱歉我没有对贵公司作出正确的判断。我之所以写那封信，是因为我在查询中发现您是这一行业的领军人物。我不知道自己的信犯了文法上的错误，对此我感到很抱歉，并且十分惭愧。我会努力学好瑞典语，减少错误。谢谢您帮助我成长。”

几天后，乔治·罗纳收到了回信，对方邀请他去办公室见面。他准时前往，并如愿以偿地得到了这份工作。

乔治·罗纳之所以能够成功，是因为他找到了正确的方法：以谦和驱退愤怒。

我们也许无法像圣人般去爱我们的仇人，但是，为了自己的健康和快乐，我们至少要原谅他们、忘记他们，这样做才是明智的。有一次，我问艾森豪威尔将军的儿子约翰，他父亲会不会一直怀恨别人。“不会，”他回答，“我父亲从来不浪费一分钟去想那些他不喜欢的人。”

有句老话说：不能生气的人是笨蛋，而不去生气的人才是聪明人。

这也是前纽约州长威廉·盖诺所抱定的政策。

在被一份内幕小报攻击得体无完肤之后，他又被一个疯子打了一枪几乎送命。当他躺在医院里与死神作斗争的时候，他说：“每天晚上我都原谅所有的事情和每一个人。”这样做是不是太理想化、太轻松了？如果是的话，让我们来看看伟大的德国哲学家，也就是“悲观论”的作者叔本华的理论。他认为生命就是一种毫无价值而又痛苦的冒险，当他走过的时候好像全身都散发着痛苦，但是，他在绝望的深处叫道：“如果可能的话，不应该对任何人怀有怨恨的心理。”

有一次，我曾问伯纳·巴鲁奇——他曾经做过6位总统的顾问：威尔逊、哈定、柯立芝、胡佛、罗斯福和杜鲁门。我问他会不会因为敌人攻击他而难过。“没有一个人能够羞辱我或者干扰我，”他回答说，“我不会让他们这样做。”

也没有人能够羞辱或困扰你和我——除非我们让他这样做。

“棍子和石头也许能打断我的骨头，可是，言语永远也不能伤害我。”

我常常站在加拿大杰斯帕国家公园里，仰望那座可说是西方最美丽的山，这座山以伊迪丝·卡薇尔的名字命名，纪念这个在1915年10月12日像军人一样慷慨赴死——被德军行刑队枪毙的护士。她犯了什么罪呢？她的罪行就是她在比利时的家里收容和看护了很多受伤的法国、英国士兵，并协助他们逃到荷兰。

在10月的那天早晨，当一位英国教士走进军人监狱——她的牢房里，为她做临终祈祷的时候，伊迪丝·卡薇尔说了两句将刻在纪念碑上的不朽的话语："我知道光是爱国还不够，我一定不能对任何人怀有敌意和怨恨。"4年之后，她的遗体被转移到英国，在西敏寺大教堂举行安葬大典。我在伦敦住过一年，常常到国立肖像画廊对面去看伊迪丝·卡薇尔的雕像，同时朗读她这两句不朽的名言："我知道光是爱国还不够，我一定不能对任何人怀有敌意和怨恨。"

若想原谅和忘记那些误解及错对自己的人，一个有效的方法是，去做一些绝对超出我们能力以外的大事，这样我们所碰到的侮辱和敌意也就无关紧要了，因为这样我们就不会去计较理想之外的事情了。

下面以1918年发生的一件极具戏剧色彩的事情为例。

劳伦斯·琼斯是一位即将被执行私刑的黑人教师兼牧师。数年前，我参观了他创办的那所学校，并对学生们发表了演讲。如今那所学校在全国已经有很高的知名度，不过我要讲述的事情却是很久以前发生的事情。

当时正值第一次世界大战期间，密西西比州流传着一则消息，说德军正在鼓动黑人暴乱。劳伦斯·琼斯正是被指控策动叛乱而被处以私刑的人之一。劳伦斯·琼斯布道："生命是场战斗，每个黑人都要提上盔甲，为生存和成功而战。""战争！""盔甲！""够了！"一群激动的年轻白人在教堂外听到了他的话，很快召集了一伙暴徒，冲进教堂，强行用绳索把他捆走，拖行了一英里的路，推上柴堆，燃起火柴，准备对他施行火刑和绞刑。

这时，有人喊道："让他说话，说啊！说啊！"劳伦斯·琼斯站在刑台上，脖子上套着绳索，开始讲述自己生活和事业。他于1907年毕业于爱荷华大学，他谈到了自己的性格、学位，以及使他在学校大受欢迎的音乐才能。大学毕业后，有人邀请他加入旅店业，还有人愿意资助他接受音乐教育，但都被他拒绝了。华盛顿的故事激励着他，使他心中产生了一个美好的愿望。他决定把自己的一生奉献到教育穷困的黑人的事业上，为此他来到了美国南方最落后的地方，此处距杰克逊南部有25英里之远。他拿着用自己的手表当来的1.65美元，在森林里办起了学校。

面对即将给他动用私刑的愤怒的人群，劳伦斯·琼斯表示，他要教育那些没有上过学的孩子，让他们成为合格的农民、技师、厨师和管家。他还告诉人们，哪些白人在他创办学校的过程中帮助过他，哪些白人资助他土地、木材、猪牛和资金去做教育事业。

听了劳伦斯·琼斯为自己的事业而不是为自己辩护的真诚和感人的话语，这群暴徒的态度变得温和起来。人群中有一个老兵说："我相信他说的是真话。我认识他所提到的白人。他在做善事。我们错了，我们应该帮助他而不是绞死他。"这位老兵把自己的帽子在人群中传递出去。最后，在这帮想要绞死劳伦斯·琼斯的人中募集到了42．5美元，帮助他去做好教育。

后来，劳伦斯·琼斯被问起是否怨恨那些要绞死和烧死他的人，他说自己整天忙于事业，根本没有时间和精力去怨恨别人。他说："我没有时间去争吵，没有时间去怨恨，没有人能够让我降低自己去恨他。"

爱比克泰德在19个世纪前就已经指出，我们种因就会得果。而不管怎样，命运总能让我们为过错付出代价。"归根结底，"爱比克泰德说，"每个人都要为自己的错误付出代价。能够记住这一点的人，不会跟任何人生气，不会跟任何人争吵，不会辱骂别人、责怪别人、触犯别人、怨恨别人。"

在美国历史上，恐怕再也没有谁受到的责难、怨恨和陷害比林肯多的了。但是，根据韩登《不朽的传记》中的记载，"林肯从来不以自己的好恶来批判别人。如果有什么任务待做，他会想到他的敌人也可以做得和别人一样好。若一个曾经羞辱过他，或者对他个人有意见的人，是某个位置的最佳人选，林肯还是会让他去担任那个职务，就像他会派他的朋友去做这件事一样。而且，他也从来没有因为某人是他的敌人，或者因为他不喜欢某人，而解除那个人的职务"。很多被林肯委任而居于高位的人，都曾批评或羞辱过他，比如麦克里兰、爱德华·史丹顿和蔡斯。但林肯相信"没有人会因为他做了什么而被歌颂，或者因为他做了什么或没有做什么而被黜免"。因为所有人都受条件、情况、环境、教育、生活习惯和遗传的影响，使他们成为现在这个样子，将来也永远是这个样子。

从小，我的家人每天晚上都会从《圣经》里面摘出章句或诗句来诵读，然后跪下来一起念“家庭祈祷文”。我现在仿佛还听见，在密苏里州一栋孤寂的农庄里，我的父亲诵读着耶稣基督的那些话，那些只要人类存有理想就会不停地一再重复的话：“爱你们的仇人，善待恨你们的人；诅咒你的，要为他祝福，凌辱你的，要为他祷告。”我的父亲做到了这些，也使他的内心得到了一般将官和君主无法追求到的平静。

所以，要想拥有平和快乐的心境，第一个原则是：

永远不要试图去报复我们的仇人，因为如果那样做的话，我们会深深地伤害自己。不要浪费一分钟的时间去想那些我们不喜欢的人。

改变思想就能改变生活

生活是否快乐，完全取决于一个人对人生、世界和万物的看法。因此可以说，生活是由思想决定的。

若干年前，我曾经在一家广播电台参加一个节目，他们提出了这样一个问题："你学过的最重要的课程是什么？"

这对我来说十分简单，我的答案是："思想的重要性。"如果别人能知道你在思考什么，就可以了解你的为人。个人的特性在某种意义上是由思想决定的。人的命运也完全取决于思想状态。爱默生曾经说过："人就是自己整天所想的那些……"既然如此，人怎么可能成为其他的样子呢？

现在，我可以十分确定地说，人们必须面对的最大问题，从某种意义上说几乎是必须面对的唯一问题就是，怎样选择正确的思想。倘若能做到这一点，也就可以解决所有的问题了。曾经统治古罗马帝国的伟大哲学家马可·奥勒留将它总结成一句话，一句决定命运的话："生活是由思想决定的。"

的确如此，如果我们整天沉浸在快乐之中，所思所想都是快乐的事情，我们就能找到快乐；如果我们所想的都是悲伤的事情，我们的生活就会悲伤；如果我们想象一些可怕的事情会发生，我们就会心怀恐惧；如果我们心中所想的都是邪恶的念头，我们就会心神不宁；如果我们害怕失败，结果就必然会失败；如果我们顾影自怜，人们就会像躲避瘟疫一样躲避我们。

这种说法并不是心理暗示，也不意味着我们应该以乐观的态度去对待所有的困难。不是！生命绝对不会如此简单。我的目的在于鼓励大家以正面积极的态度，而不是反面消极的态度去面对生活。换而言之，我们必须关注自身的种种问题，但不能仅仅停留在忧虑上。关注与忧虑的区别在哪里呢？且让我表达得更明白一些。每当我通过纽约市中心遇到交通堵塞时都会注意到自己的处境，但是我并不会因此而忧虑。关注的意思是要了解问题的关键所在，然后冷静地采取行动加以解决，而忧虑则是在一个狭小的圈子里打转，使自己变得疯狂。

生活中，一个人可以在关心一些很严重的问题的同时，在衣襟上插着花昂首阔步。罗维尔·托马斯便是这样的人。

有一次，罗维尔·托马斯主演了一部关于艾伦贝和劳伦斯在第一次世界大战中出征的著名影片。他和几名助手在好几处战事前线拍摄了战争的镜头，用影片记录了劳伦斯和他那支多姿多彩的阿拉伯军队，也记录了艾伦贝征服圣地的经过。他穿插在电影中的演讲——“巴勒斯坦的艾伦贝与阿拉伯的劳伦斯”轰动了伦敦和整个世界，使得伦敦的“歌剧季”延后了6个星期，以便他在卡文花园皇家歌剧院继续讲述那些冒险故事，并放映他的影片。

在伦敦大获成功后，罗维尔·托马斯又成功地旅行了好几个国家，之后他花了两年时间，准备拍摄一部在印度和阿富汗生活的纪录片。经过一系列令人难以置信的霉运后，他发现自己破产了。那时我正和他在一起，我还记得我们不得不到街口的小饭店去吃很便宜的东西。这还是因为一位苏格兰知名画家詹姆斯·麦克白借给了罗维尔·托马斯一些钱，否则我们连那点可怜的食物也吃不起。

我想要说明的是，面对庞大的债务和极度令人失望的境地，罗维尔·托马斯虽然很担心，但并不忧虑。他深知，如果他在霉运面前垂头丧气，他在人们眼里就会变得一文不值，尤其是他的债权人。因此，他每天早上出去办事时，都会买一朵花别在衣襟上，然后抬头挺胸地走上牛津街。他积极而勇敢，顽强地面对挫折。对他来说，挫折只是整件事情的一部分而已，是他爬到高峰所必需的有益的训练。

人的精神状况对于自身的肌体有着令人难以置信的作用力。

英国著名心理学家哈德菲在那本只有54页但内容非凡的小书《力量心理学》里对此有着精彩的论述。“我请来3个人，”他在书中写道，“来测试心理对生理的影响，以握力计来测量。”他要求这3个人在不同的情况下，用尽全力抓紧握力计。一般情形下，他们的平均握力是101磅。第二项实验则是对他们进行催眠，并向他们传达一个信息：他们非常虚弱。实验的结果是，他们的握力只有29磅——不到正常力量的1/3。随后，哈德菲又让同一批人做了第三项实验，即在催眠之后告诉他们：他们十分强壮。结果他们的平均握力达到了142磅。也就是说，当人们在潜意识里肯定了自己的力量后，其力量几乎增加了50%。

这就是令人难以置信的心理力量。

为了进一步证明思想的巨大魔力，我想再讲一件发生在美国内战期间的最奇特的故事。这个故事完全可以写成一本书，但我在这里只长话短说。

很多人都知道基督教信仰疗法的创始人是玛丽·贝克·艾迪，其实，最初的时候，她认为生命中只有疾病、痛苦和不幸。她的第一任丈夫在他们婚后不久就去世了，她的第二任丈夫和一名已婚女人私奔，抛弃了她，虽然他最后流落在一个贫民收容所里死去。她生有一个男孩，但因为贫困和疾病，她不得不在儿子4岁那年把他送给了别人，而且从此之后儿子便下落不明，以至于她长达31年都无法再见到他。

因为自身的健康状况很差，她开始对“信心治疗法”表现出浓厚的兴趣。但是，她生命中非常戏剧性的重大转折，却是发生在马萨诸塞州理安市的一个很冷的日子里。那天，她走在结冰的街道上，因为路面太滑，她突然摔倒并昏了过去。由于脊椎受到严重的损伤，她不停地痉挛，连医生也认为她命不久矣。他们说：“即使出现奇迹，她能留下一条命的话，也绝对无法走路了。”

躺在一张仿佛在等待死亡的病床上，艾迪打开了《圣经》，读到了马太福音里的一句话：“有人用担架抬着两个瘫子到耶稣面前，耶稣对瘫子说：放心吧，你的罪被赦免了……起来，拿着你的褥子回家去吧。那人就站起来，然后走回家去了。”

后来她回忆说，《圣经》中的这几句话使她产生了一种力量，一种能够医治她的生理疾病的信仰的力量，使她“立刻下了床，开始行走”。

“这种经验，”艾迪太太说，“如同引发牛顿灵感的那只苹果一样，使我发现自己是如何好起来的，也意识到如何能使别人也做到这些……现在，我可以充满信心地对别人说：一切的根源都在你的思想里，一切的影响力都是一种心理现象。”

也许你会产生这样的疑问：“这家伙是不是在替基督教信心治疗法做宣传?”不！你错了！我并不是这个教派的信徒，完全没有传教的意思。但是，我活得越久，就越相信思想的伟大力量。在从事成人教育事业 35 年以后，我懂得了男人和女人都能够消除忧虑、恐惧和种种疾病的方法：改变想法就能改变自己的生活。我亲眼见过几百次这种转变，因为见得太多，已经见怪不怪了。

下面这个例子发生在我的一名学生身上，这种令人难以置信的转变，同样可以证明思想的力量。这名学生的精神曾经处于崩溃的边缘，原因就是忧虑。

他告诉我：“我对任何事情都充满忧虑。我担心自己太瘦了，担心自己不断地掉头发，担心自己可能永远无法赚到足够的钱娶妻生子，担心自己永远无法做一个好父亲，担心自己因无能而失去心爱的女孩，担心自己会给别人留下许多不好的印象，担心自己已经得了胃溃疡而无法再找到工作。我内心充满了紧张感，就像一个没有安全阀的锅炉，压力终于到了无法承受的地步，突然有一天爆发了——我的精神彻底崩溃了。如果你没有经历过精神崩溃的话，感谢上帝，千万不要有这种经历，因为没有任何一种肉体上的痛苦能够超过精神上的极度折磨。

“我的精神崩溃了，甚至严重到无法与家人交谈的程度。我无法控制自己的思想，内心充满了恐惧，一点声音也会把我吓得跳起来。我逃避所有的人，常常无缘无故地暗自哭泣。

“我终日痛苦不堪，觉得自己被世界抛弃了，甚至连仁慈的上帝也抛弃了我。有的时候，我真想跳河自杀，一了百了。

“我想，也许换个环境会对我有所帮助。于是，我决定到佛罗里达州去旅行。上火车之前，父亲交给我一封信，并叮嘱我到目的地以后再看。我到佛罗里达的时候，正是当地的旅游旺季，许多旅馆都客满了，我只好住在一间汽车旅馆里。当时，我想在迈阿密一艘不定期航行的货船上找一份工作，但并没有成功，于是我就把大部分时间都消磨在海滩上。

“在佛罗里达的日子比在家里更难过，于是我拆开了父亲的信。他在信中写道：‘儿子，现在你在离家1500英里的地方，但你并没有觉得有什么改变，对不对？我也知道你不会觉得有什么区别，因为你依然带着所有烦恼的根源——你自己。事实上，无论是你的身体还是你的精神，都没有一点问题。并不是你所遭遇的环境使你受到挫折，根源在于你自己的想象。一个人心里所想的，就是他将要成为的。当你了解这一点后，儿子，回家来吧，因为你已经痊愈了。’

“父亲的信令我很恼怒，我需要的是同情，而不是教训。我甚至下定决心永不回家。当天晚上，我走在迈阿密的一条小街上，经过一个正在举行礼拜的教堂，于是信步走了进去，听了一场讲道，题目是‘能征服精神强于攻城略地’。我坐在神的殿堂里，听到了和父亲所说的同样的道理，它将我头脑里乱七八糟的念头一扫而空，我第一次有了清楚而理智的思想，突然发现自己原来如此愚蠢，对于能够如此清晰地审视自己，我感到十分震惊。我还曾经想过要改变全世界呢——实际上唯一需要改变的是只是我思想相机镜头上的焦距而已。

“第二天一早，我就收拾行李回家去了。一周以后，我又回到了原来的工作岗位。几个月以后，我娶了心仪已久的女孩。现在，我有了一个幸福快乐的家庭，养育了5个子女，无论是物质生活还是精神生活，上帝都给予了我许多关爱。在我精神崩溃时，我不过是一个小部门的夜工班长，手下有18个人，现在我已经成为一家纸箱厂的厂长，管理着450多名员工，生活比以前更充实、更愉快。我相信自己了解了生命的价值所在，每当我心神不定时，我都会告诫自己——要把相机的焦距调好。

“毋庸讳言，我十分高兴自己有过一次精神崩溃的经历，它使我发现了身心两方面的控制力，发现了自己的思想能为己所用，而不是有损于我。我终于知道父亲是对的，真正使我忧虑的的确不是外在的因素，而是我对自己的看法。一旦了解了这一点，我就痊愈了，而且永远不会再生这种病。”

这就是那位学生的经验。

我深信，内心的平静和生活中的种种快乐并不取决于我们身处何方，拥有什么，或我们是什么人，而在于我们的心境如何。

300年前，弥尔顿在瞎眼后也发现了同样的真理：“思想的运用和思想本身，就能把地狱变为天堂，抑或把天堂变为地狱。”

拿破仑和海伦·凯勒就是弥尔顿这句话的最好例证：拿破仑拥有一般人所追求的一切——荣耀、权力、财富——但他却对圣海莲娜说：“我这一生从来没有过一天快乐的日子。”而海伦·凯勒——又瞎又聋又哑——却表示：“我发现生命是如此美好。”

如果说半个世纪的生活曾使我学到什么的话，那就是：“除了你自己，没有什么可以带给你平静。”

我只是想再重复一次爱默生在其《论自信》的散文里所说的那句结语：“一次政治上的胜利，收入的增加，病体的康复，或是久别好友的归来，或是什么其他纯粹外在的事物，能提高你的兴致，让你觉得眼前有很多的好日子，不要去相信它，事情绝不会是这样的。除了你自己以外，没有什么能带给你平静。”

爱比克泰德这位伟大的斯多葛学派哲学家，曾警告我们：我们应该极力消除思想中的错误想法，这比割除“身体上的肿瘤和脓疮”重要得多。

爱比克泰德在 19 个世纪之前说过这句话，而现代医学同样能支持他的理论。坎贝尔·罗宾博士说，约翰·霍普金斯医院所收容的病人，有 4/5 是由于情绪紧张和压力所引起的。甚至一些生理器官的病例也是如此。归根结底，他宣布说：“这些都能追溯到生活和问题的无法协调上。”

蒙田这位伟大的法国哲学家，以下面的两句话作为他生活的座右铭：“一个人因发生的事情所受到的伤害，比不上他因发生的事情所拥有的意见来得深。”我们对于事物的看法，完全取决于我们的心态。

当你被各种烦恼困扰着，整个人精神紧张不堪的时候，我是否应该大胆地告诉你，你可以凭借自己的意志力来改变你的心境。不错，我应该这么做，而且，我还要告诉你如何做到这一点。这可能要花一点力气，但秘诀却非常的简单。

威廉·詹姆斯是实用心理学的权威，他曾经发表过这样的理论："行动似乎是随着感觉而来，但实际上，行动和感觉是同时发生的。如果能使我们意志力控制下的行动规律化，那么也能够间接地使不在意志力控制下的感觉规律化。"

换句话说，威廉·詹姆斯告诉我们，我们不可能仅凭"下定决心"就改变我们的情感，但是我们可以变化我们的动作，而当我们变化动作的时候，就会自然而然地改变我们的感觉。

"于是，"他解释道，"如果你感到不快乐，唯一能找到快乐的方法就是振奋精神，使行动和言词好像已经感觉快乐的样子。"

这个简单的办法是不是有用呢？你不妨自己试一试：使你的脸上露出一个很开心的笑脸来，挺起胸膛，好好地深吸一大口气，然后唱一小段歌；如果你不能唱，就吹口哨；如果你不会吹口哨，就哼一段歌。你很快就会发现威廉·詹姆斯所说的是什么意思了——也就是说，当你的行动能够显出你快乐的时候，你根本就不可能再忧虑和颓丧下去。

这是一个能造就生活奇迹的基本自然规则之一。我曾认识一个家住加利福尼亚州的女人——我不想提她的名字——如果她知道这个秘密的话，也许能在24小时内就把所有的哀愁一扫而空。

她是一个老寡妇，生活得十分悲惨，也从来没有试过让自己变得快乐起来。如果有人问她感觉如何，她总是说："啊，我还好。"但从她的表情和声音，你能体会到她仿佛在说："唉，老天，如果你也碰到我所遭遇的那些烦恼就能明白了。"不知道世界上有多少女人的情况比她还糟，事实上，她丈夫去世后留给她的保险金足够她维持生存，子女们也都已经成家，能够奉养她。但是，我很少看见她脸上有笑容。她整天抱怨3个女婿太差劲，太自私——虽然每次她在他们家里一待就是好几个月。她还抱怨自己的女儿从来不送礼物给她，而她自己却把钱看得死死的——所谓要“替未来打算”。这样的人是多么令人讨厌！

事情一定就是如此吗？不！她完全可以让自己从一个满腹牢骚、挑剔吝啬、不快乐的老女人，变成家中备受尊敬和喜爱的一分子。只要她愿意，她完全可以做得到。完成这种转变，她只要高高兴兴地活着，给予别人一点点爱就可以了，而不是总抱怨自己的不快和不幸。

我认识一个名字叫作英格莱特的印第安纳州人，他就发现了这个秘密，并且挽救了自己的生命。

10年前，英格莱特先生得了猩红热，康复以后发现自己又得了肾病。他四处求医，找遍了偏方秘方，但始终没有办法治好自己的病。

不久，他又得了另外一种并发症。医生说他的血压已经到了最高点，已经无药可救，最好马上准备后事。

“我回到家里，”他说，“了解到我所有的保险金都已经付过之后，坐下来默默地沉思，向上帝忏悔自己以前的过失，心中充满了痛苦。我让自己的妻子和家人感到难过，自己更是陷入颓丧的情绪之中。然而，经过一个星期的自怨自艾后，我对自己说：‘你简直像个大傻瓜。你在一年之内恐怕还不会死，趁你还活着

的时候，何不快快乐乐地活着?’

“于是，我挺起胸膛，露出笑脸，装作一切都很正常。我承认开始的时候十分费力，但我强迫自己开心起来，这不仅有助于我的家人，对我自己也大有帮助。

“后来，我发现自己渐渐好起来了，几乎与我装出来的一样好。这种改进持续不断地进行着，到了今天——原以为该躺在坟墓里几个月后的今天——我不仅很快乐，活得好好的，而且血压也降了下来。当然，可以肯定的是，如果我一直想到会死、会垮掉的话，那位医生所预言的事情就会实现。但我给了自己的身体一个自行恢复的机会，别的人或事都毫无用处，除了改变自己的心情。”

让我问你一个问题：如果让自己觉得开心、充满勇气而且健康的思想能够救一个人的命，那么我们为什么还要为一些小小的不快和颓丧而难过呢？如果让自己开心就能够创造出快乐来，为什么我们要让自己和身边的人不高兴而难过呢？

很多年以前，我看过一本书，它对我的生活产生了长远而良好的影响。这本书叫作《人的思想》，作者是詹姆斯·艾伦。下面是书里的一段话：

“一个人会发现，当他改变对事物和其他人的看法时，事物和其他的人对他来说就会发生改变——要是一个人把他的思想指向光明，他就会很吃惊地发现，他的生活受到了很大影响。人不能吸引他们所要的，却可能吸引他们所有的——能变化气质的思想就存在于我们自己的心里，也就是我们自己。一个人所能得到的，正是他们自己思想的直接结果——有了奋发向上的思想之后，一个人才能兴起、征服而后有所成就。如果他不能奋起他的思想，他就永远只能衰弱而愁苦。”

有人说，上帝让人统治整个世界，这实在是一份相当大的礼物，不过我对这种特权实在没有什么兴趣。我所希望得到的是能控制我自己的能力——能控制我的思想，能控制我的恐惧，能控制我的内心和精神。我知道在这一点上我的成绩相当惊人。无论什么时候，我总是想，只需控制自己的行为，就能控制自己的反应。

让我们记住威廉·詹姆斯的话：“……通常，只要把受苦者内心的感觉由恐惧改成奋斗，就能把大部分我们所谓的困难，改变为对你有帮助的好处。”

为了让自己快乐起来，我们不妨每天遵守下面这个叫作《只为今天》的计划而行动。这个计划非常激励人心，所以我已经送出了几百份。它是一个女预言家在30年前写的。只要我们能够遵照执行，大部分的忧虑便会无影无踪，并大大增加生活的乐趣。

只为今天：

1. 为了今天，我要变得快乐，正如林肯所说：“人可以决定自己的心情。”快乐来自于内心，而不是外部的人和事。

2. 为了今天，我将试着调整自己，而不是根据自己的意愿去改变事物。我会努力配合自己的家庭、生意和运气。

3. 为了今天，我会注意自己的健康。坚持锻炼、关爱自己、滋养身体，绝不滥用、忽视自己的身体，因为身体是革命的本钱。

4. 为了今天，我会强化自己的心智。我会学习有用的知识，为了避免心灵闲置，我会阅读那些需要努力、思考和专注的书籍。

5. 为了今天，我将用两种方法修炼自己的灵魂：我要默默地做好事；至少做两件以前不愿做的事。正如威廉·詹姆斯所说，只是为了让心灵生动。

6. 为了今天，我要让自己受人欢迎。我会注意自己的表情、穿着得体、轻声细语、举止文雅，多赞扬、少批评，不挑剔任何人、任何事。

7. 为了今天，我会集中精力把今天的事情做好，而不是试图用一天去解决一生的问题。我每天工作 12 个小时，但是想到一辈子都要如此，就会吓坏我。

8. 为了今天，我会制定详细的人生计划，把每个小时要做的事写下来，并严格执行。这样可以让我避免着急和毫无头绪。

9. 为了今天，我会给自己留下半个小时来放松心情。这半个小时，我会用来祈祷和期待美好的未来。

10. 为了今天，我会变得无所畏惧。尤其不畏惧变得快乐，欣赏美丽的事物。勇于爱人，并相信别人也会爱我。

所以，要想拥有平和快乐的心境，第二个原则是：

快乐地思考和做事，你的生活就会变得快乐。

如果有个柠檬，就做柠檬水

在20世纪，哈利·爱默生·福斯迪克把这句话又重说了一遍："快乐大部分并不是享受，而是胜利。"不错，这种胜利来自于一种成就感，一种得意，也来自于我们能把柠檬做成柠檬水。

贝多芬聋了之后，创作出了更好的曲子，可见缺陷对我们常有意外的帮助。

写作本书时，有一天，我到芝加哥大学去拜访罗勃·梅南·罗吉斯校长，向他请教如何才能获得快乐。他回答说："我一直试着遵照一个小小的忠告去做，这是已故的西尔斯公司董事长朱利亚斯·罗森沃告诉我的。他说：'如果有个柠檬，就做柠檬水。'"

这是一位伟大教育家的做法，而常人的做法正好相反。如果他发现生命赐予他的只是一个柠檬，他就会自暴自弃地说："我完了，这就是命运。我连一点机会也没有。"然后他就开始诅咒这个世界，让自己沉溺在自怜之中。但是，当聪明人拿到一个柠檬的时候，他会说："从这件不幸的事情中，我可以学到什么呢？我怎样才能改善我的状况，怎样才能把这个柠檬做成一杯柠檬水？"

伟大的心理学家阿尔弗雷德·阿德勒穷其一生都在研究人类

及其潜能，他曾经宣称，人类最奇妙的特性之一就是“把负变为正的力量”。

特尔玛·汤普森女士的故事便很好地证明了以上观点。

特尔玛·汤普森女士住在纽约的晨边大道，下面是她的一段亲身经历：

“战争期间，我的丈夫驻防在加州沙漠的陆军基地。为了能够经常与他相聚，我搬到了基地附近居住。那里的环境极为恶劣，我以前从来没有到过这样的地方，简直不是人待的。当我的丈夫外出进行军事演习时，我只能独自待在那个小房子里。沙漠里的气候燥热难耐，仙人掌树荫下的温度都可以达到华氏125度。出门遇到的都是不会说英语的墨西哥人或者印第安人，我找不到一个可以谈话的朋友。沙漠里风沙很大，到处都是沙子，我所吃的东西里，呼吸的空气里，都充满了沙子。

“我开始可怜自己，觉得自己非常不幸。于是，我写信给父母抱怨自己遭遇，告诉他们我想要放弃了，打算回家去。我宁愿去坐牢，也不愿意在这儿多待一分钟。父亲给我的回信只有两行，它们常常在我的头脑中萦绕，并且改变了我的一生：两个人由铁窗往外望，一个看到了满地的泥泞，另一个却看到了满天的星辰。

“我反反复复地咀嚼着父亲的话，内心感到十分羞愧。后来，我决心找到目前处境的积极方面，我要寻找到那一片星空。

“我开始走出去结交当地人，并且惊喜于他们的反应。他们的编织和陶艺令我感到很有趣，而他们居然把不舍得卖给游客的心爱作品送给了我。我认识了各种各样的仙人掌，还有其他的植物；我观察了土拨鼠的活动，欣赏了沙漠的日落，找寻300万年前的贝壳化石，了解到这块沙漠在300万年前曾经是海底。

“那么，我身上这种惊人的变化是源于什么呢？沙漠没有变，周围的印第安人也没有变，唯一变化的是我本人，我的心态改变了。这种改变使我拥有了一段精彩的经历。我所发现的新天地让我觉得既刺激又兴奋，我开始着手写一本小说，后来还顺利出版了。我从自筑的牢房里看出去，找到了美丽的星辰。”

特尔玛·汤普森所发现的正是公元500年前希腊人所发现的真理：“最美好的事情往往也是最难得到的。”

哈利·福斯迪克在20世纪再次重述它：“真正的快乐不见得是愉悦的，它多半是一种胜利。”没错，快乐来源于一种成就感，一种超越的胜利，一次将酸柠檬榨成柠檬汁的经验。

我去拜访过一位住在佛罗里达州的快乐农夫，他甚至把一个毒柠檬做成了柠檬水。当他买下那片农场的时候，他觉得非常颓丧。那块地坏得既不能种水果，也不能养猪，能生长的只有白杨树和响尾蛇。然而，他想到了一个好主意，要把他所有的变作一种资产——他要利用那些响尾蛇。他的做法使每个人都感到吃惊，因为他开始做响尾蛇肉罐头。

几年前我去看他的时候，我发现每年来参观他的响尾蛇农场的游客差不多有两万人。他的生意做得非常大。他把从响尾蛇里取出来的蛇毒，运送到各大药厂去做蛇毒的血清；把响尾蛇皮以很高的价钱卖出去做女人的鞋子和皮包；把响尾蛇肉的罐头送到世界各地的顾客手里。我买了一张印有那个地方照片的明信片，在当地的邮局把它寄了出去。

这个村子现在已改名为佛罗里达州响尾蛇村，以纪念这位先生把有毒的柠檬做成了甜美的柠檬水。

因为我一次又一次来来往往地在全国各地旅行，使我有幸见到了很多的人，他们都表现出了“把负变正的能力”。

已故的威廉·波里索，也就是《十二个以人力胜天的人》一书的作者，曾经这样说过：“生命中最重要的一件事就是不要把你的收入拿来当作资本。任何人都会这样做，但真正重要的事是要从你的损失中去获利。这就需要有才智，而这一点也正是聪明人与普通人的区别所在。”

波里索说这段话的时候，刚刚在一次火车事故中摔断了一条腿。而我还知道一个断掉两条腿的人也在努力把自己的负变为正，他的名字叫本·福特森。我是在佐治亚州大西洋城一家旅馆的电梯里碰到他的。当我踏入电梯的时候，他正坐在电梯角落的轮椅上，表现得十分开心，他的两条腿都断了。当电梯停在他要去的那一层楼时，他很愉快地问我是否可以往旁边让一下，让他转动他的椅子。“真对不起，”他说，“这样麻烦您。”——他说这话的时候脸上露出一种非常温和的微笑。

当我离开电梯回到房间后，除了这个很开心的跛子，什么事情都无法思考了。于是我去找他，请他把他的故事告诉我。

“事情发生在1929年，”他微笑着告诉我，“我砍了一大堆胡桃木的枝干，准备做我菜园里豆子的撑架。我把那些胡桃木枝子装在我的福特车上，开车回家。突然，一根树枝滑到车上，卡在引擎里，恰好是在车子急转弯的时候，车子冲出路面，撞在树上。我的脊椎受了伤，两条腿都麻痹了。

“出事那年我才24岁，从那以后我就再也没有走过一步路。”

年仅24岁就被判终身坐着轮椅过活，我问他怎么能这样勇敢地接受这个事实，他说："我以前并不能做到这一点。"他说他当时充满了愤恨和难过，抱怨自己的命运，但时间仍一年又一年地过去，他终于发现愤恨使他什么也做不成，唯有对别人的恶劣态度。"我终于了解，"他说，"大家都对我很好，很有礼貌，所以我至少应该做到对别人也很有礼貌。"

我问他，经过这么多年以后，他是否还觉得他所碰到的那次意外是一次可怕的不幸？

他很快地说："不会了，我现在几乎很庆幸有过那一次事故。"他告诉我，当他克服了当时的震惊和悔恨之后，就开始生活在一个完全不同的世界里。他开始看书，并对文学作品产生了兴趣。他在14年里至少看了1400本书，这些书使他进入了一个全新的境界，使他的生活比他以前所能想到的更为丰富。他开始聆听很多美好的音乐，以前让他觉得烦闷的伟大的交响曲，现在却使他非常感动。但是，最大的改变是他现在有时间去思考。"有生以来第一次，"他说，"我能让自己仔细地看看这个世界，有了真正的价值观念。我开始了解，以往我所追求的事情大部分一点实际价值也没有。"

看书使他对政治产生了兴趣。他研究公共问题，坐着他的轮椅去发表演说，并由此认识了很多人，很多人也由此认识了今天的他，本·福特森——仍然坐着他的轮椅——现在的身份已经是佐治亚州政府的秘书长了。

尼采对超人的定义是："不仅是在必要的情况下忍受一切，而且还要喜爱这种情况。"

我愈研究那些事业有成的人，就愈加深刻地感觉到，他们中有非常多的人之所以成功，是因为他们开始的时候就有一些会阻碍他们的缺陷，促使他们加倍努力而得到更多的回报。正如威廉·詹姆斯所说："我们的缺陷对我们有意外的帮助。"

不错，很可能弥尔顿就是因为瞎了眼，才能写出更好的诗篇来；而贝多芬是因为聋了，才能作出更好的曲子；海伦·凯勒之所以能有光辉的成就，也是因为她的瞎和聋。

如果柴可夫斯基不是那么的痛苦——而且他那场悲剧性的婚姻几乎使他濒临自杀的边缘——如果他的生活不是那么的悲惨，他也许永远不能写出那首不朽的《悲怆交响曲》。

如果陀思妥耶夫斯基和托尔斯泰的生活不是那样的充满折磨，他们可能永远也写不出那些不朽的名著。

"如果我不是有这样的残疾，"地球上创造生命科学性基本概念的人写道，"我也许不会做到我所完成的这么多工作。"达尔文坦白地承认他的残疾对他有意想不到的帮助。

达尔文出生于英国的那一天，另一个孩子也出生在肯塔基州森林的一个小木屋里，他的缺陷也对他有所帮助。他的名字就是林肯——亚伯拉罕·林肯。如果他出生在一个富裕家庭，在哈佛大学法学院取得学位，并且有着幸福美满的婚姻生活，他的内心深处也许不可能涌出那篇在葛底斯堡发表的不朽演说，也不会有他在第二次政治演说上所说的那句如诗般的传世名言——这是美国统治者所说过的最美也最高贵的话："不要对任何人怀有恶意，而要对每一个人怀有善意。"

我在纽约市教授成人教育课程时，发现很多人都很遗憾自己没有机会接受大学教育，他们似乎认为没有接受高等教育是人生

的一大缺陷。实际上，我认识的许多成功人士都没有上过大学，甚至连中学都没有毕业，因此我知道这一点并没有那么重要。

我经常告诉这些学员一个失学者的故事，他的童年非常贫困，他的父亲去世后，是靠父亲的朋友帮助才得以安葬的。他的母亲在一家制伞工厂里上班，每天需要工作10个小时，下班后还要带一些零工回家，一直干到晚上11点钟。

在这种环境下，男孩渐渐长大了。有一次，他参加了教会的业余戏剧演出，觉得表演非常有趣，于是开始磨炼自己当众演说的能力。后来，这种能力引导他进入了政界。30岁时，他已当选为纽约州议员。不过，对于接受这样的重大责任，他其实还没有准备妥当。事实上，他亲口告诉我，他还搞不清楚州议员应该做些什么。他开始研读冗长复杂的法案，这些法案对他来说就像天书一样。他被选为森林委员会的一员，但因为他从来不了解森林，所以他非常担心。他又被选入银行委员会，但是他连银行账户也没有，因此他十分茫然。他告诉我，如果不是耻于向母亲承认自己的挫折感，他可能早就辞职不干了。绝望之余，他决定每天苦读16个小时，把自己无知的酸柠檬做成知识的甜柠檬汁。他的努力没有白费，他从一位地方政治人物上升为全国性的政治人物，他的表现是如此杰出，以至于《纽约时报》都尊称他为"纽约最受欢迎市民"。

这位传奇人物就是阿尔·史密斯。

在阿尔开始自我教育后的10年，他成为对纽约州政府所有事务最具权威的人。他曾连任4届纽约州长——这是一个空前绝后的纪录。1928年，他成为民主党总统候选人，包括哥伦比亚大学及哈佛大学在内的6所著名大学，都曾颁授名誉学位给这位年少失学的人。

阿尔·史密斯亲口告诉我，如果他没有一天勤读16小时，把自己的缺失弥补过来，他绝不可能有今天。

哲学家尼采认为优秀杰出的人“不仅能忍人所不能忍，并且热爱这种挑战”。

假设我们颓丧到了极点，觉得根本不可能把自己的柠檬做成柠檬水，那么，下面是我们为什么应该试一试的两个理由——这两个理由告诉我们，为什么我们只会赚而不会赔。

第一个理由，我们可能会成功。

第二个理由，即使我们没有成功，只是试着要化负为正的努力也会使我们向前看而不会向后看。

所以，用肯定的思想来替代否定的思想能激发我们的创造力，刺激我们忙得根本没有时间也没有兴趣去忧虑那些已经过去和已经完成的事情。

有一次，世界最有名的小提琴家欧利·布尔在巴黎举行一次音乐会，他小提琴上的A弦突然断了。但是，欧利·布尔用另外的3根弦演奏完了那支曲子。“这就是生活，”哈利·爱默生·福斯迪克说，“如果你的A弦断了，就在其他两根弦上把曲子演奏完。”

这不仅是生活，这比生活更可贵——这是一次生命上的胜利。

如果我能够做到，我会把威廉·波里索的这句话刻在铜牌上挂在每一所学校里：

"生命中最重要的一件事就是不要把你的收入拿来算做资本。任何傻子都会这样做，但真正重要的事是要从你的损失中获利。这就需要有才智，而这一点也正是一个聪明人和一个傻子之间的区别所在。"

所以，要想拥有平和快乐的心境，第三个原则是：

当命运交给我们一个柠檬的时候，让我们试着去做一杯柠檬水。

施恩于人不图回报

我最近碰到了一个人，有人曾警告我在碰到他的 15 分钟内，他一定会谈起那件事。果然如此，令他气愤的事情发生在 11 个月前，但他还是一提起就生气，他简直不能谈别的事。他为 34 位员工发出了一万元圣诞节奖金——每人差不多 300 元——结果没有一个人感谢他。他抱怨说："我很遗憾，我居然给他们发奖金。"

"一个愤怒的人，"古人说，"浑身都是毒。"我由衷地同情面前这位浑身是毒的人。他有 60 岁了，据保险公司统计，我们的平均寿命是目前年龄与 80 岁之间差数的 2/3。这位仁兄——如果他足够幸运——大概还有十四五年可活。结果，他浪费了有限余年中的将近一整年，为过去的事愤愤慨不平。我实在同情他。

除了愤恨与自怜，他大可自问为什么员工不感激他，有没有可能是因为待遇太低、工时太长，或者员工认为圣诞奖金是他们应得的一部分。也许他自己是个挑剔又不知感恩的人，以致别人不敢也不想去感谢他。或许大家觉得反正大部分收入都要缴税，不如发作奖金。

当然，反过来说，也可能员工真的是自私、卑鄙、没有礼貌。也许是这样，也许是那样，我也不会比你更了解整个状况。我倒是知道英国的约翰逊博士说过："感恩是极有教养的产物，你不可能从一般人身上得到。"

我想强调的是，他指望别人感恩是一个一般性的错误，他实在不了解人性。

如果你救了一个人的性命，你会期望他感恩吗？他可能会这样做，但是，塞缪尔·列勃维治在他当法官前曾是一个有名的刑事律师，曾拯救过 78 个罪犯，使他们免坐电椅。你猜猜其中有多少人曾登门道谢，或至少寄张圣诞卡给他？我想你猜对了——一个也没有。

耶稣基督曾经在一个下午帮助 10 位瘫子起立行走——但是有几个人回来感谢他呢？只有一个人。耶稣基督环顾门徒问道："其他 9 个呢？"他们全跑了，谢也不谢就跑得无影无踪！让我来问问大家，像你我这样平凡的人给了别人一点小恩惠，凭什么就希望得到比耶稣更多的感恩？

如果跟钱有关，那就更没指望了。施瓦伯告诉我，他曾帮助过一位银行出纳，这位银行出纳挪用银行基金去投资股票而造成亏损，施瓦伯帮他补足金额以免吃上官司。这位出纳员是否感谢他呢？确实感谢他，但只是一阵子，后来他还和这位救过他的人作对——就是这位曾经助他脱离牢狱之灾的人。

如果你送给亲戚 100 万美元，他应该会感谢你吧？安德鲁·卡内基就资助过他的亲戚，不过，如果安德鲁·卡内基重新活过来，一定会很震惊地发现这位亲戚正在诅咒他呢！为什么呢？因为卡内基遗留了3亿多美元的慈善基金——使对方少继承了100万美元。

世事就是如此，人性就是人性——你不用指望会有所改变，为何不干脆接受呢？我们应该像最有智慧的罗马帝王马可·奥勒留一样，他有一天在日记中写道："我今天会碰到多言的人、自私的人、以自我为中心的人、忘恩负义的人。我也不必惊讶或困扰，因为我还想象不出一个没有这些人存在的世界。"

他说的不是很有道理吗？我们天天抱怨别人不懂得知恩图报，到底该怪谁？这是人性——还是我们忽略了人性？不要再指望别人感恩了。如果我们偶尔得到别人的感激，就会是一阵惊喜。如果没有，也不必难过。

在这里，我想强调的是，忘记感恩乃是人的天性，如果我们一直期望得到别人的感恩，多半是自寻烦恼。

我认识一位住在纽约的妇人，她一天到晚抱怨自己孤独，没有一个亲戚愿意接近她——但我并不怪他们。你去看望她，她会花几个小时喋喋不休地告诉你，她是怎么照顾她侄儿小的时候的，他们得了麻疹、腮腺炎、百日咳，都是她照看的。他们跟她住了许多年，她还资助一位侄子读完商业学校，直到她结婚前，他们都住在她的家里。

这些侄子有回来看望她吗？噢！有的！有时候！完全是出于义务。他们都害怕回去看她，因为想到要坐几个小时，那些老调的、无休无止的埋怨与自怜永远在等着他们。当这位妇人发现威逼利诱都无法叫她的侄子们回来看她后，她就剩下最后一个绝招——心脏病发作。

她的心脏病是装出来的吗？当然不是，医生说她相当神经质，常常心悸，但他也束手无策，因为她的问题是情绪性的。

这位妇人要的是关爱与注意，但是她以为她要的是“感恩”。可惜她大概永远也得不到感激或敬爱，因为她认为这是自己应得的，她要求别人给她这些。

生活中，有多少人像她这样，因为别人都忘恩负义，因为孤独，因为被人疏忽而生病。他们渴望被爱，但是，在这个世界上真正能得到爱的唯一方式就是不索求，相反，还要不求回报地付出。

这听起来好像太不实际，太理想化了。其实不然！这是追求幸福最好的一种方法。我对此十分清楚，因为我亲眼见到我的家庭中发生的状况。我的父母乐于助人，我们很穷——总是窘于欠债，不过，虽然穷成这样，我的父母每年总是能挤出一点钱寄到孤儿院去。他们从来没有拜访过那家孤儿院，可能除了收到回信外，也从来没有人感谢过他们。但是他们已有所报偿，因为他们享受了帮助这些无助小孩的喜悦，并不希冀任何回报。

我离家外出工作后，每年圣诞节总会寄张支票给父母，请他们买点自己喜欢的东西，但他们总是不买。当我回家过圣诞时，父亲会告诉我，他们买了煤、日用品送给城里一个有很多小孩的贫苦妇人。施予而不求回报的快乐，是他们所能得到的最大的快乐。

我深信我的父亲已符合亚里士多德所谓的能享受快乐的理想之人。亚里士多德说：“理想的人会享受助人的快乐。”

这里我要提出的另一个重点是：要追求真正的快乐，就必须抛弃别人会不会感恩的念头，只享受付出的快乐。

为人父母者经常埋怨子女不知感恩。即使莎剧的主人翁李尔王也不禁喊道："不知感恩的子女比毒蛇的利齿更痛噬人心。"

但是，如果我们不教育他们，为人子女者怎么会知道感恩呢？忘恩原是天性，就像随地生长的杂草。感恩则有如玫瑰，需要细心的栽培，爱心的滋润。

如果子女们不知感恩，应该怪谁呢？也许该怪的就是我们自己。如果我们从来不教导他们向别人表示感谢，怎能期望他们来感谢我们？

我认识一位住在芝加哥的朋友，他在一家纸盒厂工作，十分辛苦，而周薪不过40美元。他娶了一位寡妇，她说服他向别人借钱送她和前夫的两个儿子上大学，然后用他的周薪来支付食物、房租、燃料、衣服及缴付欠款。他像苦力一样苦干了4年，而且毫无怨言。

有人感谢他吗？没有，他的妻子认为这是理所当然的，那两个儿子也是一样。他们一点也不觉得对这位继父有任何亏欠，即使只是道谢一声也不曾有过。

怪谁呢？这两个儿子吗？也许！但是，这位母亲不是更不应该吗？她认为这两个年轻的生命不应该有这种义务的负担，她不希望她的儿子由"负债"开始他们的人生。因此，她从来没想到要说："你们的继父资助你们念大学，多好的人啊！"相反，她的态度是："噢！那是他起码应该做到的。"

她以为没有加给他们任何负担，实际上却让他们产生了一种危险的想法，认为这个世界有义务让他们活下去。果然，后来有一位男孩向老板“借”了点钱，结果身陷囹圄。

我们一定要记住，孩子是我们自己造就的。

我的姨母从来不抱怨儿女不知感恩。我小的时候，姨母把她的母亲接去照料，同时也照料她的婆婆，我现在仍记得两位老人家坐在壁炉前的情景。她们有没有麻烦我姨母？我想一定不少，不过你从她的态度上一点也看不出来。她真的爱她们，对她们嘘寒问暖，让她们感受到家的欢乐。而她自己还有6个子女，但她从不觉得自己做了什么伟大的事。对她来说，这一切再自然不过了，是正确的事，也是她愿意做的事。

我这位姨母已经孀居了二十几年，她的5位成年子女都欢迎她，希望她到他们家去一起住。她的子女们对她钟爱极了，从不觉得厌烦。这是出于“感恩”吗？当然不是！这是真正的爱！这几位子女从孩童时代就生活在慈善的气氛中。现在需要照顾的是他们的母亲，他们回报以同样的爱，不是再自然不过了吗？

记住，要想有感恩的子女，只有让自己先成为感恩的人。我们的所言所行都十分重要，在孩子面前，千万不要诋毁别人的善意，也千万别说：“看看表妹送的圣诞礼物，都是她自己做的，连一毛钱也舍不得花！”这种反应对我们来说可能是件小事，但是孩子们却听进去了。因此，我们最好这么说：“表妹准备这份圣诞礼物一定花了不少时间！她真好！我们得写信谢谢她。”这样，我们的子女在无意中也养成了赞赏感激的习惯。

所以，要想拥有平和快乐的心境，克服别人不知感恩的烦恼，第四个原则是：

1. 与其担心他人不知感恩，不如不预期它。

2. 寻求快乐的唯一途径是不预期他人感恩，付出仅为享受施予的快乐。

3. 感恩是一种需要培养的品德，如果你希望儿女感恩，就要训练他们成为感恩的人。

想想你应该感恩的事

我认识哈罗德很久了，他住在密苏里州，曾经是我的巡回演讲经理。我们有一次在堪萨斯城相遇，他送我回农庄。他当时老而弥坚，神采飞扬，相形之下，我则显得日薄西山，暮气沉沉。于是，我便问他是如何保持快乐的，他讲了一个让我终生难忘的故事。他说：

“我以前经常担忧，但是，1934 年春天的某一天，我走在一条街上，看到的一幅景象驱散了我所有的烦恼。前后过程不到 10 秒钟，不过这 10 秒钟内我所学到的比过去 10 年还要多。

“当时我经营一家杂货店已经两年了，不但用光了所有的积蓄，还欠下了得偿还 7 年的债务。杂货店正是在那天的前一个周六结束营业的。我打算到银行借点钱，以便动身到堪萨斯城找份工作。我像只斗败的公鸡，失去了斗志与信心。

“忽然，我看到对街过来一个没腿的人，他坐在一小块木板上，下面用旱冰鞋轮做了 4 个滚轮，两手各拿一块木头划动自己。他过了街，正要把自己抬高几寸以越过街边爬到人行道上。

当他费力地抬高身下的木板时，他的眼光与我相遇，并向我灿然一笑。‘早安，先生！今天天气真好，不是吗？’他的声音充满朝气。我看着他，惊觉自己是多么富足。我有两条腿，我可以走路，我对自己的自怜感到羞愧。我告诉自己，如果他没有腿还能开心、快乐、自信，而我这个还有双腿的人，当然也可以做得到。我立马觉得有精神多了。原本我只打算借100美元，现在我有勇气要求借200美元了。本来我只打算试试能不能找份工作，但现在，我有信心宣布我要去找份工作。我拿到了借款，并且找到了工作。

“我浴室的镜子上现在贴了一段话，每天早上刮胡子时，我都要念一遍：我常常因为没有鞋而难过，直到遇见一个没有脚的人，我的难过才消失了。”

美国飞行家雷肯贝克曾在太平洋漂流了21天。有一次我问他，他从那次经验中得到的最大教训是什么。他的回答是：“那次经验给我的最大教训是，只要有足够的饮水与食物，你就不该再有任何抱怨。”

《时代》杂志曾有一篇文章提到在南太平洋受伤的一位士官的故事。他的喉咙被碎片击中，接受了7次输血。他写了小条子给医生：“我能活下去吗？”医生回答说：“可以的。”他又写道：“我还可以讲话吗？”回答也是肯定的。他再次写了一张纸条：“那我还操什么心呢？”

你何不现在就问问自己：“我到底在烦恼什么呢？”你多半会发现自己担心的事既不重要，也没意义。

我们生活中的事大概90%都进行得很顺利，只有10%是有问题的。如果我们想要快乐，只需集中注意力在那90%的好事上，不去看那10%就可以了。如果我们想要烦恼、抱怨、得胃溃疡，只要集中注意力在10%的不满意上，而忽略那90%就可以了。

英国的许多教堂里都可以看到这两个字——思恩。我们心中也应该深深镂刻这两个字——思恩。想想所有我们应该感谢的事情，并真心表示感谢。

《格列佛游记》的作者乔纳森·斯威夫特可以算得上是英国文学史上最悲观的人。他觉得自己根本不该出生，每逢自己的生日他都穿着黑色的丧服守斋戒。即使在这样的绝望中，他也没有忘记只有快乐的心境才能带来健康。他曾宣称："世上最好的医生是饮食有度，保持平静与愉悦的心情。"

如果我们愿意，大可以为自己所拥有的一切——可能胜过阿里巴巴的宝藏——感到满足开心。给你一亿元交换你的双眼，如何？两条腿值多少钱？你的双手呢？听觉呢？你的子女？你的家庭？算算你所拥有的资产，你一定会发现，即使给你世上所有的财富，你也不会愿意出让。

但是，我们感激自己所拥有的一切吗？噢！不！叔本华说："我们很少想我们所拥有的，却总是想自己缺失的。"这种倾向实在算得上是世上最悲惨的事情，它带来的灾难恐怕比所有的战争和疾病都更大。

居住在新泽西州的约翰·帕玛先生告诉我：

"我从陆军退伍不久，就开始自己创业，我夜以继日，苦心经营，生意似乎还不错。但是，麻烦不久就来了，我得不到零件与原料，担心生意支持不下去。我烦恼极了，整个人变得暴躁不安、尖酸刻薄，然后开始逃避责任，悲观厌世——当然，当时我并不自觉，但后来我意识到自己几乎因此失去温暖的家。

“有一天，一位刚刚退伍的身残志坚的年轻人对我说：‘你不觉得羞愧吗？看你的样子，好像世上只有你一个人有麻烦似的。即使你真的结束营业一阵子，那又怎么样？供货正常后，你还可以再开始呀！你真该为你所得到的表示感恩！但你还老是怨天尤人，我多想能像你那样，看看我，我只有一条手臂，半边脸也被炮火削掉了，但我并不抱怨。如果你再不停止怨天尤人、自暴自弃，不但会丢掉你的生意，还会赔上你的健康、你的家庭及朋友！’这些话真如当头棒喝，让我体会到自己拥有的已经够多了，我终于能提醒自己不再重蹈覆辙。几年后，我找到了自己的价值。”

我的朋友露西，也因为成天烦恼自己所欠缺的而几乎酿成悲剧。几年前，我和露西在哥伦比亚大学的新闻写作班上相识。她的故事是这样的：

“那段时间，我整天忙个不停：我在亚利桑那州立大学学习关于器官发声的培训，在城里主持一个演说训练班，又在另一个城市教授音乐欣赏。我忙着出席宴会、舞会，在星空下不停地奔忙。直到有一天早上，我完全崩溃了。医生说：‘你得卧床完全休息一年。’更让我恐惧的是，对于我的身体何时能够恢复健康，医生心里完全没数。

“躺在床上一年？简直是个废物——倒不如死了算了！我惊

恐极了，为什么这种事会发生在我身上？上帝为何要这样对待我？开始的时候，我并没有意识到自己的生活方式有着严重的问题，总是歇斯底里地大呼小叫。我原本特别叛逆，但由于身体健康持续恶化，我只得老老实实地遵从医生的嘱咐，卧床静养。我的邻居鲁道夫是一位画家，他过来看我，对我说：'你以为在床上躺一年就很悲惨？其实大可不必这样想，你可以利用这段时间真正了解你自己。这几个月，你在心灵方面的成长可以抵得上你过去的一辈子。'

"鲁道夫的话令我茅塞顿开，我慢慢平静下来，开始努力建立另外一种价值观。我阅读了一些启发人心的书，有一天，我听到收音机播音员在节目中说：'你所表现出来的永远只是你内心世界的反映。'我以前听过这种话不知道有多少次了，但这次才真正深植我心。我下定决心，以后忽略所有让人悲观沮丧的事情，只想那些阳光的、积极的事情。每天早晨一醒过来，我就强迫自己想一遍我所拥有的应该感谢的事情。我的身体没有疼痛，我有个可爱的小女儿，我耳聪目明，收音机里还有悠扬的曲调，我有了更多的时间用来阅读发人深省、催人奋进的作品，每天都可以享用美味可口的家常便饭，我还有几位亲密无间的朋友，我的访客多到医生不得不限制一次只能容许一位访客——而且还有访客时限。

"许多年来，我都过着一种丰富、活跃的生活。现在我深深地感谢躺在床上的那一年，那是我在亚利桑那州最有价值、最快乐的一年。那一年中我养成了一种习惯，每天早上先数数自己所拥有的福分，直到现在我还沿袭这个习惯，这已成了我最宝贵的资产。我得承认在害怕死亡之前，我并没有真正地活过。"

我亲爱的露西，你可能不知道，你学到的教训跟200年前英国作家约翰逊博士所发现的完全一样。约翰逊曾经说过："能养成看每件事最好的一面的好习惯，真是千金不换的珍宝。"

我得提醒各位，说这句话的人可不是职业性的乐观主义者，事实上，他二十几年来深受焦虑、饥馑、穷困之苦，终于成长为当代最著名的作家与评论家。

罗根·史密斯的一句话中也包含了许多智慧："人生有两个主要目标：首先，拥有你所向往的；然后，享受它们。只有最具智慧的人才能做到第二点。"

你想知道如何把在厨房里洗碗的琐事变成令人兴奋的经验吗？推荐你读一读达尔所著的《我要看》。

这本书的作者是一位失明将近50年的妇人，她写道："我仅存的一只眼上布满了斑点，所有的视力只靠左侧的一点点小孔。我看书时，必须把书举到脸的面前，并尽可能靠近我左眼左侧的仅存视力区域。"

但是，她并不打算接受怜悯，也不想享受特别的待遇。小时候，她想和小朋友一起玩游戏，但又看不见任何记号，于是，她就等其他小朋友都回家后，趴在地上辨识那些记号。她把地上画的线完全熟记后，成了玩这个游戏的佼佼者。她在家自修，拿着放大字体的书，靠近脸，近得睫毛都刷得到书页。她进修了两个学位：明尼苏达大学的学士和哥伦比亚大学的硕士。

她开始是在明尼苏达州的一个小村庄里教书，到后来却成为南达科他州一个学院的新闻文学教授。她在当地任教13年，并常在妇女俱乐部发表演讲，上电台节目谈书籍与作者。她在书中说："在我内心深处，始终不能祛除完全失明的恐惧。为了克服这一点，我只有对人生采取开心甚至天真的态度。"

1943 年，她已经 52 岁，却迎来了一个奇迹：极负盛名的梅育医院的一项手术，使她恢复了比以前好40倍的视力。

一个全新的令人振奋的世界展现在她的眼前，即使在水槽边洗碗对她来说也是一件令人兴奋的事。她写道："我开始玩弄碟子上的泡沫。我用手指搅起一个肥皂泡泡，对着光看，我看到了缩小的彩虹般的色彩幻影。"

从水槽上方厨房的窗口望出去，她看到的是："振动着灰黑色的翅膀，飞过积雪的一只麻雀。"

能有幸亲眼见到肥皂泡与麻雀，促使她以下面一句话作为这本书的结尾："亲爱的上帝，我不禁低语，我们的上帝，我感谢你，我感谢你。"

想想看！为了能在洗碗时看到泡沫的色彩，看到飞越雪地的麻雀，衷心地感谢上帝吧！

你我不该觉得惭愧吗？我们一直生活在美妙的童话世界中，却瞎得什么也看不见，什么也不珍惜享受。

所以，要想拥有平和快乐的心境，第五个原则是：

盘算你所得到的恩惠，而不要去数你的烦恼。

让别人快乐，你也能快乐

开始计划写此书时，我曾悬赏200美元，以“如何快乐起来”为题，征集最能打动人心的自我激励的故事。

此次征文比赛有3位评委，分别是东方航空公司的董事长艾迪·雷肯贝克、林肯纪念大学校长史都华·麦克柯里南博士、广播新闻评论家卡坦·波恩。然而，我们收到的稿件中有两篇非常优秀的作品，使3位评委无法取舍，只得让两名应征者平分了奖金。下面就是得奖故事之一，作者是密苏里州春日镇的波顿先生。

“我9岁失去了母亲，12岁又失去了父亲。”波顿先生在文章中写道，“母亲是在19年前的某一天突然离开家的，之后我再也没有见过她，也没有见过她带走的两个妹妹。直到离家7年后，她才写信给我。父亲死于母亲离家3年后的一次车祸。他与别人在密苏里州的一个小镇合伙买下了一间咖啡店，后来合伙人趁他出差时把咖啡店卖了，卷款潜逃。朋友打电报给父亲，让他赶快回来处理此事，匆忙间，他在堪萨斯州沙林那城发生了车祸，一命呜呼。我有两个姑姑，又穷又老而且疾病缠身，她们将我们5个兄弟姐妹中的3个带回了家，剩下我和弟弟没有人愿意收留。尽管不愿意被人看成孤儿，但在无奈之余，我们只能乞求人们的帮助。我在一户穷苦人家生活了一段时间，不久男主人失业了，也就无法再供养我了。后来，罗福亭先生和太太收留了我，让我住在离镇上五六公里远的农庄里。

“罗福亭先生70岁，患有俗名‘缠腰龙’的带状疱疹，整天躺在床上。他告诉我，只要不说谎，不偷东西，听话做事，我就能一直住在那里。这3道命令成了我的圣经，我完全按照这一标准生活。后来我上学了，但第一个星期我就像婴儿般躲在家里号啕大哭。许多孩子故意找我麻烦，取笑我的大鼻子，说我是个笨蛋，喊我‘小臭孤儿’。我伤心极了，想去打他们，但罗福亭先生说：‘永远记住，能走开不打架的人，要比留下来打架的人伟大得多。’所以我努力忍受，不与别人发生冲突。直到有一天，一个孩子在学校的院子里抓起一把鸡屎，丢在我的脸上，我将那小子痛揍了一顿，结果交了好几个朋友，他们都说那家伙活该。

“我十分喜欢罗福亭太太给我买的一顶新帽子。然而有一天，有个大女孩将我的帽子扯下来，在里面装满水，把帽子弄坏了。她说自己之所以往里面灌水，是希望那水能够弄湿我的大脑袋，让我那玉米花似的脑筋不要乱爆。

“我从来不在学校里哭泣，但一回到家就号啕大哭。直到有一天，罗福亭太太给了我一些安慰，使我所有的烦恼和忧虑一下子烟消云散，并且开始尝试将敌人变成朋友。她对我说：‘罗夫，如果你能对他们表示出兴趣，注意自己能为他们做些什么，我想他们也许不会来挑逗你，喊你小臭孤儿了。’我接受了她的建议，并且更加努力地读书。后来我成了班上的第一名，但没有一个人妒忌我，因为我总是在尽力帮助别人。

“我帮助班上的许多同学提高他们的写作能力，并且替他们写完整的读书报告。有的孩子不好意思让自己的父母知道我在帮助他们，常常告诉父母自己要去抓袋鼠，然后一溜烟地跑到罗福亭先生的农场里来，将狗关在谷仓里，然后让我教他们读书。

“死神扫荡了我们附近的农场，农场里的成年男人都死了，4户人家只剩下我这个唯一的男性，与寡妇们一起生活了两年。每天放学后，我都会到她们的农庄里，帮她们砍柴、挤奶，给家畜喂食喂水。大家都十分喜欢我，把我当成朋友，再也没有人骂我了。从海军退伍时，我真正体会到了他们对我的感情。到家的头一天，就有200多个农夫来看我，有的甚至是从40公里外开车过来的。我一直试图努力去帮助他人，使我没有什么忧虑。13年来，再也没有人叫我‘小臭孤儿’了。”

华盛顿州西雅图已故的弗兰克·陆培博士也是如此。

他曾因风湿病躺在床上达23年之久。《西雅图报》记者史都华·怀特豪斯写信对我说：“我曾多次访问陆培博士，我从未见过如此无私，如此珍惜每一天的人。”

像他这样只能躺在病床上的病人，如何能好好过日子呢？他是否整天抱怨和批评他人呢？不是的！他是否充满了自怨自艾，急切希望成为所有人关注的中心呢？不是的！他希望所有人都同情他、照顾他吗？也不是的。相反，他将威尔斯王子的名言“我为人服务”作为自己的座右铭，搜集了许多患者的姓名和住址，给他们写一些充满快乐、充满鼓励的信，令他们振作起来，这样做对他自己也是一种激励。他曾组织过一个病人之间保持通信联络的俱乐部，后来还组织过一个名为“病房里的社会”的全国性组织。

就这样，他躺在病床上，平均每年写出1400封信，人们捐赠的由他转交的收音机和书籍，也为成千上万的病人带来了快乐。

陆培博士与普通人相比，有什么区别呢？区别只有一点，他拥有一种内在的力量，努力去完成自己的目标和任务；他能从那些比个人利益更高贵的理想中获得快乐，而不会成为一个像萧伯纳所描写的“一个以自我为中心且痛苦不堪的老家伙”那样一天到晚抱怨这个世界无法让自己开心。

心理治疗专家阿尔弗雷德·阿德勒曾有过一个惊人的说法，他经常对患有精神抑郁症的病人说：“如果你能遵照我的方法，你的病会在14天之内痊愈，这种方法就是每天想一想自己如何才能取悦别人。”

这种说法令人难以置信，因此我觉得有必要做进一步的阐释，并且引用阿德勒博士的著作《生命对你应该有什么意义》中的部分内容。

在《生命对你应该有什么意义》一书中第258页，阿德勒博士这样写道：

“抑郁症患者心中有一股长年不息的怒气和对他人深深的反感，尽管其目的是为了得到照顾、同情和帮助，但却往往因为自己的内疚感而变得郁郁不乐。抑郁症患者对早期的记忆通常如

此：‘我记得自己想躺在长条沙发上，但是哥哥已经躺在那里了，于是我大声哭叫，使他不得不走开。’

“抑郁症患者通常以自杀作为报复自己的手段，医生提供的第一个治疗方法就是避免他们有任何自杀的理由。而我用来解除他们紧张情绪的办法，也是这种治疗方式的第一个规则——就是建议他们‘绝不要做任何自己不喜欢做的事’。这话听起来似乎很简单，但却可以深深触及此病的根源。如果一个抑郁症患者能够做到所有自己想做的事情，他还能怪其他人吗？对自己还有什么好报复的呢？‘如果你想去看电影，或者去度假，就去吧。如果走到半路发现自己不想去了，那就回来吧。’这是人们渴望获得的最理想的生活，似乎可以满足他们所追求的优越感。他们就像神仙一样随心所欲。对另一些患者来说，这可能并不是他所追求的生活方式。他想控制别人，责怪别人。如果大家都顺从他，他也就丧失了责怪他人的理由。这种做法可以使人的紧张情绪得以放松。在我的病人中，从来没有发生过自杀事件。

“通常那些病人会对我说：‘我没有什么特别想做的事。’这种说法我听得太多了，答案是现成的：‘那就不要做自己不想做的任何事。’有时他们也说：‘我想整天躺在床上。’如果我说这样很好，他也许就不会再想这样做了；但如果我反对的话，他就会像打了鸡血似的和我争论不休。因此，我通常的做法是表示同意。

“这是方法之一，另一种方法则直接干预他们的生活方式。我对他们说：‘如果你能遵照我的方法，你的病会在14天之内痊愈，这种方法就是每天想一想自己如何才能取悦别人。’你知道这对他们来说意味着什么吗，尤其当他们满脑子都在想‘我如何才能让他人担忧’时？而他们的回答也非常有意思，有的人说：‘对我而言这太容易了，我一辈子都在做这种事。’事实上，他们从未做过这种事。我要求他们慎重考虑这一问题，但他们却毫不在意。我对他们说：‘睡不着的时候，你可以多花些时间思考一下如何能使他人高兴起来，这可以大大改善你的健康。’第二天，我问他们有没有想过我的建议，有的人回答说：‘昨晚我一上床就睡着了。’注意：和他们说这些话时一定要很诚恳，很友善，一点也不能流露出优越感。

“也有的人回答：‘我永远无法做到这一点，我心中充满了忧虑。’这时，我会对他们说：‘你可以继续担忧，不过，有时为别人想想也未尝不可。’我希望他们多少能对他人产生一点兴趣。许多人对我说：‘为什么要让别人高兴呢？别人从来没有让我高兴过。’很少听到有病人说：‘我曾考虑过你的建议。’

“‘为了你自己的健康，’我回答说，‘那些人以后一定会受苦的。’我了解他们的主要病因是缺乏合作，因此我努力使他们增加对这个社会的兴趣。我相信，一旦他们能与他人平等和睦地相处，他们的病也就痊愈了。宗教上最重要的信条一直都是‘爱你的邻居’。那些对生活毫无兴趣的人，在生活中往往容易遭遇更多的困难，对他人造成的伤害也最为巨大。人类的种种败局也往往来自于这类人。我们给予一个人最高的赞美，是因为他是一个富有合作精神的人，是其他人的朋友，也是爱情和婚姻中真诚的伴侣。”

阿德勒医生要求我们每天做一件好事，但是，什么样的事才能称之为好事呢？先知穆罕默德说：“所谓好事，就是能使别人的脸上露出微笑的事。”

为什么每天做一件善事就能给人带来如此巨大的影响呢？因为当人们试着使别人高兴时，会使自身具有一种忘我精神，沉浸在自我幻觉之中。否则，忧虑和恐惧就会纷至沓来，使人容易患上抑郁症。

纽约市秘书学校的威廉·孟恩太太，曾经试着使别人变得高兴，结果不到两个星期，她的抑郁症就痊愈了。她比阿尔弗雷德·阿德勒技高一筹——不，高了13筹。她的抑郁症只花了一天而不是14天就治好了，她所做的只不过是去想想自己应该如何让两个孤儿高兴起来。

“5年前的12月里，”孟恩太太说，“我正沉溺于一种顾影自怜的情绪中。在多年快乐幸福的生活后，我突然失去了亲爱的丈夫。圣诞节即将来临，我的伤感更加严重了，我一辈子从未独自一人过过圣诞节。许多朋友向我发出了邀请，但我丝毫不觉得自己能够获得任何快乐。我觉得自己无论身处哪个宴会，都会是一个令人讨厌的人，因此我拒绝了他们善意的邀请，并因此更加顾影自怜。我自己也意识到人世间有许多值得感激的事，就像其他人有许多值得感激的事情一样。

“圣诞节前一天的下午3点，我离开办公室，百无聊赖地走在第五大道，希望排遣自己的自怜和忧郁。大街上的人群熙熙攘攘，显得如此开心快乐。此情此景使我又忆起了那些消逝的快乐岁月，一想到要回到那个孤单空寂的公寓，我就觉得十分害怕。我很迷茫，不知如何是好，忍不住流下了眼泪。漫无目的地走了大约一个小时后，我发现自己竟然站在一个公共汽车站前。我想起以前常常和丈夫一起随意搭上一辆公共汽车，那时纯粹是为了好玩。于是，我随意走上靠站的一辆公共汽车。

“当车子过了哈德逊河，又走了一阵后，我听到司机说：‘终点站到了，太太。’这是一个不知名的小镇，一个十分安静的小地方。我走在居民区的一条街道上，附近有一座教堂，里面传来《平安夜》美丽的乐曲声。我走进去，发现除了那个拉风琴的人外，整个教堂空荡荡的。我静静地坐在一张椅子上，看着圣诞树上耀眼的灯光，仿佛点点繁星在月光下跳舞。悠扬的乐曲声——加上我从早晨开始就没有吃过东西——使我觉得有些眩晕，觉得虚弱而沉重，然后就昏睡过去了。

“醒来时我根本不知道自己身在何处，心里有些害怕。面前有两个小孩，可能是进来看圣诞树的，其中的一个小女孩用手指着我说：‘不知道是不是圣诞老人把她带来的。’看到我突然醒过来，他们吓坏了。他们穿得很寒酸，我询问他们的父母在哪里。原来他们没有妈妈，也没有爸爸，是两个小孤儿，比我曾经见过的孤儿的境况要差得多。这使我对自己的忧伤和自怜倍感惭愧。我带着他们去看那棵圣诞树，又带他们到一家小饮食店吃了一些点心，并且买了一些糖果和几样礼物送给他们。在这个过程中，我的孤寂感奇迹般地消失了。

“这两个孤儿带给我长期以来不曾有过的快乐！我和他们聊天的时候，发现自己一直以来是多么的幸运。我要感谢上帝，我童年时代的圣诞节充满了欢乐，充满了父母对我的关爱。两个孤儿带给我的远比我带给他们的要多。

“这次体验再一次告诉我，只有让别人快乐，才能使我们自己变得快乐。我还发现，快乐是能相互传染的，施予的同时也在接受。只有帮助他人而付出我们的爱，才能克服忧虑、悲伤以及自怜，使自己焕然一新。这种状况不仅是在当时，至今依然如此。”

有关忘我而恢复健康和快乐的故事有很多很多，下面再举一个有关玛格丽特·泰勒·叶芝的例子。她是美国海军中最受欢迎的女人之一，也是一个小说家。但她所写的那些神秘小说，没有一本比得上发生在她自己身上的真实故事有趣。

事情发生在日本偷袭珍珠港美军舰队的那天早上。当时叶芝女士因为心脏病躺在床上已经有一年多了，一天 24 小时中，她有 22 个小时必须躺在床上。她走过的最长的路，不过是到花园里去晒晒太阳，而且必须让佣人搀扶着。

有一段时间，她甚至认为自己已经成了一个废人。她说：

“要不是日本人轰炸珍珠港，将我从自我悲伤的状态中驱赶出来，我可能永远无法再回到真正的生活里。

“事件发生后，一切都陷入混乱之中。有一颗炸弹就落在我家附近，爆炸的威力将我从床上掀了下来。军方的卡车赶到基地附近，将陆军、海军的眷属转移到公立学校里，然后打电话请那些有空余房间的人收容他们。红十字会知道我有一部电话就放在床边，因而要求我替他们记录所有的资料。于是，我记录下所有陆军、海军的眷属，以及孩子们被送到什么地方去。红十字会同时通知所有的海军和陆军人员打电话给我，询问他们的家人分别被安顿在什么地方。

“我很快就知道了我的丈夫罗勃·叶芝上校安然无恙。我努力想让那些不知道丈夫生死的女人高兴起来，也试着安慰那些丈夫已经牺牲的女人——伤亡的人数不断增加，海军陆战队有2117名军人阵亡，还有960人下落不明。

“最初我一直躺在床上接听电话，渐渐地我坐了起来。我太忙太紧张了，以至于完全忘记了自己的身体还很虚弱，不知不觉走下床来坐到桌子旁。在帮助那些身处困境的人时，我完全忘记了自己。从此以后，每天除了正常的睡眠以外，我再也没有回到床上去。我想，如果日本人没有轰炸珍珠港，我也许会终此一生都做一个半残废者。我舒舒服服地躺在床上，有人照顾，实际上在不知不觉中失去了痊愈的希望。

“珍珠港事件是美国历史上一次巨大的悲剧，但对于我个人而言，却是改变我一生的关键事件。危机使我产生了新的力量，这种力量是我无法想象的，它使我不再仅仅关注自己，而是给予别人更多的关注。它给了我一些不可或缺的东西，并且成为我生活的目标。我不再整天只考虑自己，担忧自己。忽略自己，让我重获了有意义的新生。”

那些去看心理医生的人，只需按照玛格丽特·泰勒·叶芝的方法去做，有1/3的人会获得康复——只要他们愿意帮助别人。这不仅仅是我个人的看法，著名心理学家荣格也是这样认为，而他是这一领域最权威的人士。他说：“我的病人中，大约有1/3并不是真的有病，而是由于他们的生活没有意义，十分空虚。”

也就是说，他们不过是想搭别人的便车度过自己的一生，但是游行的车队只会经过而不会停留下来等待，于是他们只好去找心理学家，谈论自己那些毫无意义的鸡毛蒜皮的小事，以及毫无价值的生活。自己赶不上船，却站在码头上，不停地责怪别人；自己毫无自知之明，却要求全世界都以自己为中心。

或许你会说："这有什么稀奇的，我也曾经在圣诞夜招待过两个孤儿；如果我当时也在珍珠港，我同样会勇敢地去做玛格丽特·泰勒·叶芝所做的事。但我的情形与他们不同，我的生活太普通了，工作太无聊了，从来没有发生过任何戏剧性的事件。我怎么能对帮助他人产生兴趣呢？我为什么要这样做，这样做对我有什么好处呢？"

让我来回答这些问题。无论你的生活多么平凡，每天都会碰到一些人，你对他们怎么样？你是仅仅看他们一眼，还是试图去了解他们的生活？比如一个邮差，每年要走几百公里的路，把一封封信送到我们的门口，你尝试过问问他住在哪里，或者看看他妻子和孩子的照片吗？你有没有问过他的脚是否很酸？他的工作会不会让他觉得很烦？还有杂货店里送货的孩子、卖报的人、街角为你擦鞋的人……这些也都是人，都有自己的烦恼、梦想和野心，渴望有机会与别人分享自己的快乐和忧愁，你有没有给他们机会呢？你有没有对他们的生活流露出半点兴趣？这就是我的回答。你不一定要做南丁格尔或者一名社会革命家才能改变这个世界，你可以从明天早上开始，从你碰到的那些人做起。

这样做有什么好处呢？它能给你带来更多的快乐和更大的满足，让你心中充满惬意。亚里士多德将这种人生态度称之为"有益于人的自私”。古代波斯的拜火教教主琐罗亚斯德曾经说过：“做好事去帮助他人并不是一种责任，而是一种快乐，它能够使你变得更健康、更快乐。”富兰克林的说法更直截了当：“当你善待他人时，也是在善待自己。”

纽约心理治疗中心的负责人亨利·林克认为：“依我所见，现代心理学最重要的发现，就是以科学的方式证明，人必须自我牺牲和自我约束，才能达到自我意识与快乐。”

多从他人的角度思考，不仅能使你不再充满忧虑，还能帮助你广交朋友，获得更多的人生乐趣。但是，究竟怎样才能做到这一点呢？我曾向耶鲁大学的威廉·里昂·费尔浦斯教授咨询过，他说：

“无论是住旅馆、理发，还是购物，我总是对自己碰到的人说一些令他们高兴的话，我始终将他们当作是一个受人尊重的人，而不是机器里的一个小零件。我会称赞商店里接待我的服务员小姐，说她的眼睛很漂亮，头发很美。我会很关切地询问正在为我理发的师傅，整天站着会不会觉得累。我向他了解他是如何干上理发这一行的，干了多久，是否统计过一共剃过多少个头。我发现，当你对他人表示出浓厚的兴趣时，能够让他们高兴起来。当我与帮我搬行李的戴着红帽子的侍应生握手时，他会觉得十分开心，充满活力。

“一个炎热的夏天，我走进纽海文铁路餐车打算吃个午餐，餐车里拥挤不堪，由于人满为患，服务非常慢。等了很久，侍者才将菜单交给我，我边点菜边对他说：‘后面的厨房一定又热又闷，厨师们今天一定累极了。’侍者突然叫了起来，声音里充满了怨恨。最初，我以为他是在生气。‘上帝啊!’他大声地说，‘每个人都抱怨这里的饭菜难吃，价格昂贵，服务太慢，而且空气又闷热。我在这里听各种各样的抱怨已经有19年了，你是第一个，也是唯一一个对那些在闷热的厨房里干活的厨师表示同情的人，我真想乞求上帝让我们多几个像你这样的客人。’

“我只是对厨师的工作表示了同情，服务员就能够如此满足，足以见得人们所需要的，不过是来自他人的认同和关注。普通人所希望的，不过是别人能把自己当人来看待。每当我在街头看到有人牵着一条漂亮的狗，总会夸一夸那条狗，当我往前走几步回过头时，经常会看到那个人用手拍一拍狗头，表示自己的欢欣。我的赞美使他更加喜欢自己的狗了。

“在英国，我曾经遇到一个牧羊人，我很真诚地赞美他那只又大又聪明的牧羊犬，并且虚心地请教他是如何训练那只牧羊犬的。离开后我再回头一看，发现那只牧羊犬前脚竖起，搭在牧羊人的肩膀上，牧羊人正充满爱意地抚摸着它。我不过是对那个牧羊人和他的牧羊犬表示出一点点兴趣，就使得那个牧羊人如此快乐，也使得那只牧羊犬很快乐，同时也使我们自己的心情变得愉悦起来。”

像这样一个会跟搬运工握手，会对在闷热的厨房里工作的厨师表示同情，会不时欣赏别人爱犬的人，怎么可能整天愁眉苦脸、百无聊赖，或对自己满怀忧虑而需要求助于心理医生呢？不可能！当然不可能！中国有句俗语说得好：“赠人玫瑰，手有余香。”

如果你是一位男士，可以跳过这一段，也许它对你没有太大的意义。

这里讲的是一个满怀忧虑，闷闷不乐的女孩如何使好几个男人向她求婚的故事。故事里的那个女孩已经做了祖母。几年前，我到她居住的小镇上演讲，曾经在她家中借宿。第二天早晨，她开车送我到20多公里以外的火车站，我从那里再转车到纽约中央车站去。

我们在路上谈起如何交友的话题，她对我说："卡耐基先生，我想告诉你一件我从来没有跟任何人谈起的事情，连我的丈夫也不了解。"

她出生在费城的一个穷苦家庭，"我的少女时代十分悲惨，由于家境贫寒，我无法像其他女孩那样拥有那么多觉得快乐的事情。衣服的质量很低劣，式样很落伍，而且我长得太快，衣服总是不合身。对此我一直感到很没面子，内心充满了屈辱感，常常躲在被子里哭泣。绝望之余，我想到了一个办法。我在参加晚宴时，总是请男伴告诉我关于他自己的人生经验、未来的计划以及对一些事情的看法。我之所以反复问这些问题，并不是因为我对他们有特别的兴趣，而是为了避免男伴们注意我那些难看的衣服。然而，奇怪的事情发生了，在与这些男伴聊天，并且对他们有了更多的了解后，我突然对他们的谈话产生了兴趣，几乎忘记了自己的衣着问题。更令我吃惊的是，我耐心地倾听，使那些男孩勇于畅谈自己的事情，并且使他们变得非常快乐，我也渐渐成为周围最受欢迎的女孩之一，甚至同时有3个男孩向我求婚。”

你可能会说：“这完全是谬论！我才没时间去管别人的事，我的目标就是努力赚钱，得到自己想要的东西，别人的事跟我有什么关系呢?”

当然，你确实可以有自己的选择，因为你是自由的，但是，看看那些伟大的圣人如孔子、佛祖、柏拉图、亚里士多德和苏格拉底等，他们所做的事情难道都没有意义吗?

如果我们想“为他人改善一切”，如同德莱塞所宣扬的那样，那么就赶快去做吧，不要浪费时间。

德莱塞说：“如果我们试图从生活中得到哪怕一丁点的乐趣，就不能自私自利，自高自大，而应该多为他人考虑，因为快乐只能来自于你与他人之间的互相关怀。

“人生无法重来，如果有做善行的机会，不要拖延，也不要忽视。从现在做起吧，因为人生的路，每个人都只能拥有一次。”

所以，要想拥有平和快乐的心境，第六个原则是：

多关注别人，不要只考虑自己，每天都做一件能给别人带来快乐的好事。

让心灵永远保持年轻

最近，一个朋友对我说："我并不怕老，只是担心老了以后言行举止会让人感到不愉快，比如自怜、埋怨、软弱、变成'老小孩'、喜欢回忆。假如这样的话，还不如死了干脆。"

其实，有哪个人不是这样想的呢？事实上，不是每个人都会变成那样。没有理由不允许80岁的老人继续保持20岁、30岁或40岁时的优雅、风趣和价值，除非他患了老年痴呆症。

下面我们来看看世界上的一些杰出人物是如何让自己的心灵保持年轻的：

英国哲学家伯特兰·亚瑟·威廉·罗素身材瘦小、性情豪迈，他在90多岁时，居然抱怨自己无法一口气走5英里以上的路而不感到丝毫疲惫！他说："我发现，大部分退休的人都是在退休没多久因为枯燥无聊而死掉的。哪怕是一个天生活跃的人，尽管他确信轻松地度过一生会很快乐，但他还是会难以忍受英雄无用武之地的状况。我也承认，善于享受人生的人更容易活下去，但是对于一个生命力足够旺盛的老人来说，除非他能保持活跃，否则他也未必能生活得很快乐。”

已故的维多利奥·艾曼纽尔·奥兰多曾任意大利首相，缔结过《凡尔赛和约》，他在94岁时仍然每天工作10个小时。他身兼多职，既是意大利议会议员，又是一家法律顾问公司的成功合伙人、律师公会理事长及罗马大学的教授。

拉斐尔·巴斯安里利博士是一位伟大的外科医生，他在90岁时仍然每天坚持执行一个连年轻人都望而却步的工作计划。他每周都会在他的私人医院给病人做3例手术，每天安排固定的上班时间，坚持进行研究工作。他甚至自己开车或驾驶私人飞机。他坚持这些做法一直到第二次世界大战爆发。他还成功地用自己的行动证明精神能够战胜肉体——他从30岁起就受到风湿性关节炎、胃病和失眠症的折磨。

哲学家本尼迪特·格罗斯在89岁时，仍然每天坚持工作10个小时，尽管他在几年前得过中风。

法兰西斯·尼蒂曾担任意大利首相，他也是一位每天坚持工作10个小时的老人——他已经有100岁了。

赫德伯爵是英国已故国王乔治的医生，他在80岁时仍每天工作12个小时，并且在工作之余收拾花园或写诗。

在这方面，一些老年女性的表现也毫不逊色，她们的充沛精力丝毫不输于男性。

艾丽丝·海伦·鲍尔博士住在一间没有水电和煤气的小平房里，尽管她是英国科学院临床心理学部的首位女性领导。她在84岁时仍坚持每天工作，忙得不可开交。她每天下午休息一个小时，然后一直工作到凌晨2点才睡觉。

著名翻译家奥莉维亚·罗塞蒂在80岁后，每天只睡6个小时，却工作16个小时！

在美国，伟大的指挥家阿尔图罗·托斯卡尼尼也是一位不知疲倦的老人。他在国家广播公司担任交响乐团的首席指挥，直到87岁才放下他心爱的指挥棒。

诗人卡尔·桑德堡到80岁时仍继续写诗，并不断地有佳作问世。

摩西奶奶78岁才开始学画画，最终成为一个受人欢迎的画家。她在96岁高龄时，手里还拿着画笔。

安东尼·朱利斯·卡尔逊博士是芝加哥大学生理学荣誉教授、国家科学院医学研究中心负责人。他在80岁时，为了研究老龄化问题，每天坚持工作9～10个小时。而这还是他考虑到自己年纪大了而采取的充分照顾自己的行为。在此之前，他每天的工作时间是15个小时！

这样的例子简直不胜枚举，我也不想再继续罗列一长串的名单。你也许会说，这些杰出人士都是特例或另类，因为他们是天才，所以他们的事迹什么也说明不了。即便如此，那些并非天才或极为平凡的人，那些不愿因年老而变得一无是处的人，他们的经历是不是能说明一些问题呢？

洛杉矶的J·W. 琼斯顿老人，在100岁时仍每天干木匠活。对他来说，将100磅重的屋顶材料搬上20英尺高的梯子并非难事。他还表示自己从来不知道生病是什么滋味。

宾夕法尼亚州特拉克斯维尔市的里昂·华兹特夫人，已经70岁了，体重只有96磅，而且常年受到神经炎和静脉瘤的折磨。她一共做过13次手术。即使面对这种状况，华兹特夫人的儿子说，华兹特夫人的心情每天都很愉快，并且忙个不停。她的家是一套有着9个房间的平房，她每天都把它们收拾得井井有条，一尘不染。她坚持修剪花园里那4坛漂亮的灌木和花树，并且亲自下厨房制作精美的点心，她制作的点心在附近是出了名的。

俄克拉荷马州普华尔的W. A. 格拉汉姆老人，享年100岁。他是个大富翁，也是他所在社区的大善人。他在去世前的状态依然十分活跃，每天坚持步行10英里，因为他深信一句格言："一个站着的人，顶得上两个坐着的人。"

新罕布什尔州的威廉·霍尔先生，100多岁时还在帮助儿子经营农场。他的儿子负责照看奶牛，他则负责洗衣做饭、打扫卫生。

缅因州马奇亚斯波特市的尤妮丝·H. 巴尔马老夫人，已经活了103岁，她对于如何享受晚年生活颇有心得。她说："保持忙碌，你就不会有时间去考虑自己的烦恼和病痛。"

上面提到的这些老人，比大部分人都要长寿，但他们完全没有表现出老朽、"老小孩"或大部分老年人常见的令人讨厌的特征与迹象；相反，他们达到了马丁·甘伯特博士所说的"人生第二高峰"，也就是人到70岁以后再现出来的活力。

甘伯特博士说："我们发现，老年阶段自有其独特的创造力和激情……我想，如果我们能发掘老年阶段有待挖掘的宝藏，那么每个人的生活都将变得更丰富、更快乐。”

事实证明，人是可以跨越年龄的障碍而走向成熟的，而不仅仅是虚度时光。每个人都可以做到这一点。假如我们消除内心的恐惧，将时间和精力花在培育心灵成长和精神成熟上，即便我们的身体日渐衰老，也能让心灵永远保持年轻。

社会学家大卫·雷斯曼曾经说过：“像伯特兰、罗素或托斯卡尼尼这些人，因为能够在精神上保持基本的活力，所以肉体也一直处于活跃状态……弗洛伊德因得了口腔癌而导致饮食困难，但他仍然能够精力充沛地面对生活，过着丰富多彩而又独立自主的生活。”

生活中，人们普遍认为“年老就是衰退”，而专家学者们则不断致力于通过证据来改变这一固有的观念。一个人步入老年阶段后，不仅不会削弱他原本具备的各种能力，反而能够重新获得年轻时曾经梦寐以求的创造力和成熟的人格。假如人人都能把获得成熟作为目标，就能真正体会到自己的晚年正如罗伯特·勃朗宁所说：“前半生是为了给后半生做准备。”

所以，要想拥有平和快乐的心境，第七个原则是：

年老也可以大有作为，只要精力足够旺盛，也可以像年轻人那样干出一番事业。

第二章　让自己走向理性与成熟

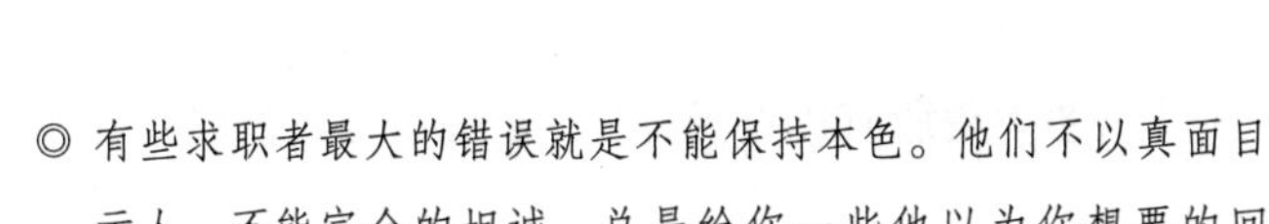

◎ 有些求职者最大的错误就是不能保持本色。他们不以真面目示人，不能完全的坦诚，总是给你一些他以为你想要的回答。实际上，这种做法往往适得其反，因为没有人想要雇用一个伪君子，也从来没有人愿意收假钞票。

◎ 期待别人完美是不公平的，期待自己完美则是愚蠢和荒唐的。

◎ 可以从别人的角度来看待事物，但是一定要从自己的角度去做事。

◎ 无论我们身处何方，都要努力创造一个温暖、友爱的环境。

◎ 幸福不能靠别人施舍，而是靠自己去争取。

◎ 要想让别人喜欢你，首先得让自己值得别人喜欢。

保持你的本色

一个人想要集所有优点于一身是最愚蠢、最荒谬的行为。

我有一封伊迪丝·阿雷德太太从北卡罗来纳州阿尔山寄来的信。“我从小就特别敏感而腼腆，”她在信上说，“我的身体一直太胖，而我的一张脸使我看起来比实际上还要胖得多。我有一个很古板的母亲，她认为把衣服弄得漂亮是一件很愚蠢的事情。她总是对我说‘宽衣好穿，窄衣易破。’而她总照这句话来帮我穿衣服。所以，我从来不和其他孩子一起去室外活动，甚至不上体育课。我非常害羞，觉得我跟其他人‘不一样’，完全不讨人喜欢。”

“长大之后，我嫁给了一个比我年长好几岁的男人，但我并没有改变。我丈夫一家人都很好，也充满了自信。他们是我应该喜爱和尊敬的那种人。我尽了自己最大的努力要像他们那样，但始终无法做到。他们为了使我开朗起来而做的每一件事，都只是令我更退缩到我的壳里去。我变得紧张不安，躲开了所有的朋友，情形坏到我甚至害怕听到门铃响。我知道我是一个失败者，又担心我的丈夫会发现这一点，所以每次我们出现在公共场合的时候都假装很开心，结果常常做得太过。我知道自己做得太过分，事后我会为此难过好几天，然后不开心到使我觉得再活下去也没有什么意义了，我开始想自杀。”

那么，是什么改变了这个不快乐的女人的生活？其实只是一句随口说的话。

“随口说出的一句话，”阿雷德太太继续写道，“改变了我的整个生活。有一天，我婆婆正在谈她怎么教养她的几个孩子，她说‘不管事情怎么样，我总会要求他们保持本色。’‘保持本色’——就是这句话！在那一刹那，我才发现自己之所以那么苦恼，就是因为我一直在试着让自己适合一个并不适合我的模式。”

“一夜之间我整个改变了，我开始保持本色。我试着研究自己的个性，试着找出自己究竟是怎样的人。我研究自己的优点，尽己所能去学习色彩和服饰方面的知识，尽量以适合自己的方式去穿衣服。我主动结交朋友，我参加了一个社团组织——起先是一个很小的社团——他们让我参加活动，我吓坏了。但是，我每发言一次，就增加一点勇气。这事花了很长的一段时间，但今天我所有的快乐却是我从来没想过会得到的。在教育自己的孩子时，我也总是把自己从痛苦的经验中学到的东西教给他们：‘不管事情怎么样，总要保持本色。’”

“保持本色的问题，像历史一样的古老，”詹姆斯·高登·季尔基博士说“也像人生一样的普遍。”不愿意保持本色，是很多精神和心理问题的潜在原因。安吉罗·帕奇在幼儿教育方面曾写过 13 本书和数以千计的文章，他说：“再没有比做其他人或是模仿其他人，更痛苦的事情了。”

这种希望能做跟自己不一样的人的想法，在好莱坞尤其流行。山姆·伍德是好莱坞最知名的导演之一。他说他在启发一些年轻的演员时，最头痛的问题就是让他们保持本色。他们都想做二流的拉娜·透纳，或者是三流的克拉克·盖博。“这一套观众已经受够了，”山姆·伍德说，“最安全的做法是，要尽快离开那些装腔作势的人。”

最近我问柯哥尼石油公司的人事经理保罗·波恩，来求职的人常犯的最大错误是什么？他应该知道的，因为他曾经和 6 万多个求职者面谈过，还写过一本名为《谋职的六种方法》的书。他回答说：“来求职的人所犯的最大错误就是不保持本色。他们不以真面目示人，不能完全地坦诚，总是给你一些他以为你想要的回答。”实际上，这种做法一点用也没有，因为没有人想要雇用伪君子，也从来没有人愿意收假钞票。

据我所知，一位公共汽车驾驶员的女儿历尽艰辛才学到了这个教训。她想当歌星，遗憾的是她长得不好看，嘴巴太大，还有一口龅牙。当她首次在新泽西的一家夜总会里公开演唱时，她极力想用上嘴唇来遮住自己的一口龅牙，以便让自己看起来高雅一些，不料却因此导致她面部很奇怪。如果再这样下去，她注定会失败。

所幸当天晚上在座的一位男士认为她很有歌唱的天赋，坦诚地对她说：“我看了你的表演，很明显你在努力想要掩饰什么，你觉得自己的牙齿很难看吗?”女孩听了觉得很难堪，但那位男士继续说道，“即使有龅牙，那又怎么样?这并不犯罪!不要试图掩饰它，张开嘴就唱，你越自然，听众就越会爱你。也许现在这些让你感到自卑的暴牙，将来还会带给你财富呢!”

凯丝·达莱接受了这一建议，不再把自己的龅牙放在心上，而是把注意力集中在观众身上。她放心大胆地歌唱，后来成了走红的顶尖歌星。现在，别的歌星都在模仿她呢。

著名心理学家威廉·詹姆斯曾经谈过那些从来没有注意过自己的人。他说一般人只发挥了10%的潜在能力。“跟我们应该做到的相比，”他写道，“我们等于只醒了一半。对于我们身心两方面的能力，我们只使用了很小的一部分。再扩大一点来说，一个人等于只活在他体内有限空间的一小部分里。他具有各种各样的能力，却习惯性地不懂得怎么去利用。”

你和我也有这样的能力，所以我们不该再浪费时间去忧虑我们不是其他人这一点。你是这个世界上独一无二的存在，无论过去、现在还是将来，再也不会出现跟你完全一样的人。新的遗传学告诉我们，你之所以是你，必是取决于你父母遗传给你的是什么。“在每一个染色体里，”艾伦·舒恩费说，“可能有几十个到几百个遗传因子——在某些情况下，每一个遗传因子都能改变一个人的一生。”一点也没错，我们就是这样“奇妙地”被创造出来的。

即使在你母亲和父亲结婚之后，生下的这个人正好是你的机会也只有三十亿万分之一。换句话说，即使你有30亿万个兄弟姊妹，也可能都跟你完全不一样。这是凭想象说的吗?当然不是，这是科学的事实。

如果你想知道得更详细的话，不妨到图书馆去借艾伦·舒恩费的著作《遗传与你》。我可以和你深谈保持本色这个问题，因为我对这一点的感想非常深。我很清楚我自己所谈的问题，因为我有过相关的痛苦经历，并且付出了相当大的代价。

我在这里要说明一下，当我从密苏里州的乡下去纽约的时候，我进了美国戏剧学院，希望能做一名演员。当时我有一个自以为非常聪明的想法——一条通向成功之路的捷径，这个想法非常之简单，非常之完美，所以我不懂为什么成千上万有野心的人居然没有发现这一点。这个想法是这样的，我要去学当年那些有名的演员怎样演戏，学会他们的优点，使我自己成为一个集所有优点于一身的名演员。多么愚蠢！多么荒谬！我居然浪费了那么多的时间去模仿别人。最后终于明白，我一定得保持本色，我不可能变成任何人。

这次痛苦的经历，应该成为我长久难忘的一课才对，但事实不然。我并没有学乖，我太笨了，我想写一本书，并希望那是所有关于公开演说的书籍中最好的一本。写这本书的时候，我又有了和以前演戏时一样愚蠢的想法。我打算把很多其他作者的观念，都“借”过来放在这本书里，使这本书能够包罗万象。于是，我去买了十几本有关公开演讲的书，花了一年时间把它们的概念写进我的书里，最后我发现自己又做了一件傻事——这种把别人的观念凑在一起而写成的东西，非常做作、非常沉闷，没有一个人能够看得下去。所以我把一年的心血都丢进了废纸篓，全部重新开始。这一回我对自己说：“你一定得保持你自己的本色，不论你的错误有多少、能力多么有限，你也不可能变成别人。”于是，我不再试着做其他所有人的综合体，而是卷起袖子做了我一开始就该做的那件事：我写了一本关于公开演讲的教科书，完全以自己的经验、观察，以一个演说家和一个演说教师的身分来写。我学到了——我希望也能永远持久下去——华特·罗里爵士所学到的那一课。我说的华特·罗里爵士是指1904年在牛津大学当英国文学教授的那位。“我没有办法写一本足以媲美莎士比亚的书，”他说，“但是，我可以写一本完全由我自己写成的书。”

保持你自己的本色，正如欧文·柏林给已故的乔治·盖许文的忠告一样。

柏林和盖许文初次见面的时候，柏林已经鼎鼎有名，而盖许文只是一个刚刚出道的年轻作曲家，一个礼拜只赚35美元。柏林很欣赏盖许文的能力，于是就问盖许文要不要做他的秘书，薪水大概是他当时收入的3倍。“但是不要接受这份工作，”柏林忠告说，“如果你接受的话，你可能会变成一个二流的柏林，而如果你坚持继续保持自己的本色，总有一天你会成为一个一流的盖许文。”

盖许文接受了这个忠告，后来他成为这一时期美国最重要的作曲家之一。

其他如查理·卓别林、威尔·罗格、玛丽·玛格丽特·麦克布莱德、吉恩·奥特里等人，都得到过和我一样的教训，并且像我一样走了不少弯路。

卓别林刚开始拍片时，导演坚持让他模仿当时德国的一个喜剧演员，但是没有成功。后来卓别林开始表现自己的风格，这才开始深入人心，受到观众的欢迎。

鲍伯·霍普出名之前，一直都在模仿别人唱歌跳舞。后来，他发挥自己插科打诨绕口令的才能，才变得有名气起来。

玛丽·玛格丽特·麦克布莱德首次上电台时，试着模仿一位爱尔兰演员，但是没有成功。后来，她恢复自身形象——一个来自密苏里州的乡村姑娘，结果她成了纽约最受欢迎的广播明星。

吉恩·奥利斯一直想改掉自己的得州口音，并且打扮得像个城里人，甚至对外宣称自己是纽约人，所有这些并没有给他带来荣誉感，反而引起了别人对他的嘲笑。后来，他重拾三弦琴，演唱乡村歌曲，结果成了影片及广播中最受欢迎的西部牛仔。

你在这个世界上是独一无二，你应该为这一点感到庆幸，并尽量利用大自然赋予你的一切。归根结底，所有的艺术都带着一些自传体：你只能唱自己的歌，你只能画自己的画，你只能做一个由你的经验、你的环境和你的家庭所造就的你。不论好坏，你都得自己创造一个自己的小花园；不论好坏，你都得在生命的交响乐中演奏自己的小乐器。

就像爱默生在他那篇《论自信》的散文中所说的：

“在每个人的教育过程中，他一定会在某个时期发现，羡慕就是无知，模仿就是自杀。不论好坏，他必须保持本色。虽然广大的宇宙中充满了好的东西，但是，除非他耕作那一块属于他的土地，否则他绝对得不到好的收成。他所有的能力都是自然界的一种新能力，除了他之外，没有人知道他能做出些什么，知道些什么，而这都是他必须去尝试求取的。”

上面是爱默生的说法，下面是已故诗人道格拉斯·马罗奇所说的：

如果你不能成为山顶的一棵松，
就做一丛生长在山谷中的小树，
但须是溪边最好的一小丛。
如果你不能成为一棵大树，
就做一丛灌木；
如果你不能成为一丛灌木，
就做一片绿草；
让公路上也有几分欢娱的颜色。
如果你不能成为一只麝香鹿，
就做一条鲈鱼，
但须做湖里最快乐的一条鱼。
我们不能都做船长，
总有人得做海员。
世上的事情，
多得做不完；
不论是大事，
还是小事，
我们总有自己分内的工作；
如果你不能做一条公路，
就做一条小径；
如果你不能做太阳，
就做一颗星星；

不能凭大小来断定你的输赢，
不论你做什么都要做最好的一名。

所以，对于希望自己不断成熟的人，最应该遵守的第一个原则是：

让我们不要模仿别人，让我们找到自己，保持本色。

了解并喜欢自己

今天，全美国医院里一半以上的病床都被那些自我厌弃的人所占据，而成千上万遭遇感情和精神困扰的人还在外面排队等候——这些都是不能自处的人。据报道，这些病人都不喜欢自己，不能和谐地生活下去。

在此我并不想探讨导致这一不幸情况的原因。我只是觉得，在这个充满竞争的社会，人们往往强调物质上的成就和社会地位的价值，强调赶超别人，让自己成为所有人的目标，这些都使我们的灵魂容易生病。我还坚信，由于普遍缺乏一种有力的、持续的信仰，更是使人们精神迷乱的重要因素。

几年前，我参加了一个组织，其中有一个女士是地地道道的完美主义者，她对每件事都力求精确，因此凡事不肯委诸他人，而必须亲自去做。她连做个小小的报告都要花许多时间去研究，即使是一份简单的报告，她也要斟酌好几个小时才能交上去；发表演讲，她会围绕演讲题目事无巨细地说下去，让听众觉得厌烦劳累；她讨厌突然有客人到家里来，每次请客都要事前计划得尽善尽美。这位女士花费了很多的精力，以便把每件事都料理得井井有条，十分完美——一种冷酷的、机械式的完美，没有欢乐、没有温情。这样的完美令人生厌，没有多少实际用处。

要求自己时时保持完美是一种残酷的自我主义。它表现为：不能仅仅是和别人一样好，而是要超越其他人，令人瞩目；重点不是全力以赴地把事情做好，而是要超过别人，使自己达到傲视众人的地位。

作为凡人，完美主义者也像一般人那样会出错，会失败，但他们无法忍受这样的状况，一旦不能如愿以偿，他们就会痛恨自己，不喜欢自己。

所以，千万不要对自己太苛刻。有的时候，我们要练习自我放松，取笑自己的某些错误，学会喜欢自己。

哈佛大学心理学教授罗勃·怀特，在其发人深省的著作《进步中的生命：性格自然成长的研究》中提到，现在有一种观念极为流行，即认为“人必须调整自己，以适应周遭环境的各种压力”。怀特博士继续指出，这个观念是基于一种理想，也就是认为“人能毫无问题地去适应原来固定的生活模式、乏味的生活规则、苛刻的外界限制，或者是屈从于成就感的压力，等等。但其采取的行动能否成功，则须看其是否具有帮助成长或是改进角色的能力，并且要能创造、表现出积极的力量——换句话说，就是在其成长过程中要富有创意性”。

几年前，我们有位女学员便碰到了这种情形。她的丈夫是位成功的律师，有野心、做事积极，也相当独裁。这对夫妇的社交圈子自然是以丈夫的朋友为主，是与她的丈夫类似的所谓名流人士——喜欢以声望和外在成就来衡量一个人的价值。这位女学员性格沉静、谦逊，这种生活环境常常使她觉得自己十分渺小，不能把长处发挥出来；而她所具有的品质也常常被忽略和藐视，因此她对自己愈来愈没有信心，也为自己不能达到别人的期望而痛苦不堪。她越来越不喜欢自己了。

这位女学员的问题不是不能适应环境，而是不能适应自己。她不能愉快地接受自己的本来面目，而期望自己变成另一个完全不同的人。她应该明白，天生我材必有用，每个人都只能按自己的个性行事，而不能照搬他人的路子。明白了这一点，她才能对自己产生信心。

她自我认同的第一步是不再用别人的标准来评判自己，而必须建立起自己的价值观，然后把它应用到自己的生活中去。她也必须学习如何与自己相处，不要常常批判自己。

史迈利·布兰顿在一本书中写道："适当程度的'自爱'，对每一个正常人来说是很健康的表现。为了从事工作或达到某种目标，适度关心自己是绝对必要的。"

布兰顿医师说得很对。要想活得健康、成熟，"喜欢自己"是必要条件之一。这是表示"充满私欲"的自我满足吗？当然不是。这应该意味着"自我接受"——清醒、实际地接受自己的本来面目，并伴以自重和人性的尊严。

心理学家马斯洛在其著作《动机与个性》中也曾提到"自我接受"，他说："新近心理学上的主要概念是——自发性、解除束缚、自然、自我接受、敏感和满足。"

成熟的人会适度地容忍自己，正如他适度地容忍别人一样。他不会因为自己的一些弱点而感到活得很痛苦。

喜欢自己是否和喜欢别人一样重要呢？我们可以这么说，憎恨每件事或每个人的人，只能显示出他们的沮丧和自我厌恶。

哥伦比亚大学教育学院的亚瑟·杰西教授坚信，教育应该帮助孩童和成人了解自己，并且培养出健康的自我接受态度。他在其著作《面对自我的教师》中指出，教师的生活和工作充满了辛劳、满足、希望和心痛，因此，“自我接受”对每个教师来说同样重要。

不喜欢自己的人，表现在外部的症状之一便是过度自我挑剔。适度的自我批评是健康、有益的，对自我要求进步极有必要，但若超出一定程度，则会影响我们的积极行为。

几年前，有位女学员在下课之后跑来找我，抱怨她的演讲没有达到预期的效果。

“每当我站起来演讲的时候，总是感到特别心虚和别扭。”她说，“班里的其他学员似乎都显得泰然自若，信心十足，而我一想到自己的种种缺点，便失去了勇气，无法再讲下去了。”

她继续分析自己的弱点，并说得十分详细。等她讲完之后，我告诉她：“别光想自己的缺点，并不是缺点使你演讲不好，而是你没有把长处发挥出来。”

的确，并不是缺点使一篇演讲、一个人或一件艺术品的失败。莎士比亚的戏剧里有着许多历史和地理上的错误，狄更斯的小说也有不少过于煽情的地方，但谁会在意这些呢？这些伟大的作品闪耀着不朽的光辉——由于它们的优点那么显著，以至于缺点都变得不重要了。我们爱我们的朋友，是因为他们的种种优点，而不是缺点。

要想不断进步并实现自我，我们需要把注意力集中在自身的好品质上，展示优点，克服弱点。当然，我们一定要随时纠正自己的错误，并迅速忘掉它们。同样，我们万万不能有负罪感和自卑感。一旦我们陷入这两种心态之中，就不可能尊重和喜欢自己。我们要做的就是彻底和过去决裂，重新开始。

我曾提出每天给自己一段独处的时间，以便了解自己，这是很有必要的，因为独处也是学习喜欢自己的好方法。马里兰州巴尔的摩赛顿心理学院的医疗主任里奥·巴德莫医师曾说："人们惯常在晚上休息时反省自己当天的所作所为。现在看来，这种方法仍不失为了解如何善待他人和自己的好方法。"

独处能使我们为心灵找到一个驿站、一个参照物、一个让我们与外界保持联系的基础。安妮·马洛·林柏格在其著作《来自海洋的礼物》中说："我们只有在与自己内心沟通的时候，才能与他人沟通。对我来说，我的内心就像幽静的泉水，只有在独处时才能发现它的美丽。"

独处能使我们更客观地透视自己的生命。《圣经》的诗篇里有一句忠言："要安静，便可知道我就是神。"这话至今仍是忠言。独处的确对我们的心灵活动十分有益，就好像新鲜空气对我们的身体极有帮助一样。

假如我们要依赖别人才能得到快乐与满足，无疑会给他人增添负担，并影响到彼此之间的关系。喜欢、尊重、欣赏自己，不但能培养出健康成熟的个性，也能增进与他人相处的能力。

当耶稣遇到身体或精神受折磨的人，他不会先去查问这些人为什么会这样，也不会过度给予同情。他不会说："可怜的人哪，你的运气真不好，生活处处与你作对。告诉我，你是如何落难的?"他会直达主题，说："你的罪被赦免了，回家去吧，并且不要再犯罪了。"

我们的心灵常因罪恶感，加上过去和现在所犯的种种过错而自惭形秽。我们不能尊敬或喜爱这样的自己。为了跳出这样的情境，我们必须把过去的种种埋葬掉，然后重新出发。

为了学习喜欢自己，我们必须培养面对自己缺点的耐心。这并不意味着我们必须降低水准，变得懒惰、糊涂或不再尽心尽力。这只是表示我们必须了解一个事实：没有人——包括我们自己——能永远达到 100% 的成功率。期待别人完美是不公平的，期待自己完美则是愚蠢而荒唐的。

所以，对于希望自己不断成熟的人，最应该遵守的第二个原则是：

了解并喜欢上自己。

避免成为乏味之人

生活中，我们每个人也许都会有很多烦恼的事情，但我们都会认同“乏味”是最令人头痛的事情。然而，到目前为止，我们似乎没有什么办法能消除它，反而总是在逃避。世上更不会有什么地方能把这些乏味的人或事隔离起来，它们总是缠着我们不放。

既然不可逃避，就让我们做好准备预防乏味吧。现在我们来分析一下，究竟是什么让人或事如此乏味吧。以下是几种令人乏味的常见状况：

1. 说话没有重点

马克·吐温写过一篇关于如何漫无边际地描述一件事的文章，下面是这篇文章中精彩的一段：

“我和你讲讲过去参观哈比印第安村的事吧。我们好像是周三上的路，不，又好像是周四，因为我和你说过周三去看医生的。我的牙齿有了松动，如果不看牙医会发炎的。那个牙医在给我看牙齿时啰嗦个没完没了。有一次我和上司提起过他，一说起我的上司，我就急，他做事从来就不上心，做什么都要我帮忙，大小事都依靠我。我对妻子发过几次牢骚，说我不想再这样下去了，但我的妻子说如果我辞职的话，她就回家去找她母亲。这听起来真是太孩子气了。”

到最后，我们对哈比印第安村仍然一无所知，可见说话没有重点是多么令人哭笑不得。

2. 不停地谈论孩子或宠物

“你家的孩子怎么样?”见面时，我们往往会不经意地问候对方，但是这往往会引来一大堆令人心烦的长篇大论。这些长篇大论通常没有什么实际价值，但只要对方一开口便会没完没了，一发不可收拾，用滔滔不绝的话语将你淹没。一般他们会这样说：

“这几天我的宝贝孩子哈利——就是那个最小最顽皮的孩子，一直都不好好吃饭，昨天他把麦片粥打翻，一口都不想吃。我带他去看儿科，医生问我都用了什么办法来让小哈利吃饭。我说我想尽了所有办法，但他依然把麦片粥打翻，弄得满地都是。医生建议我给他的麦片粥里加些香蕉，但是你知道哈利根本就不喜欢吃香蕉，当我把香蕉放进他的麦片粥里时，他就用小手挥着表示不要吃香蕉。呵呵，听起来怪可爱的。说起可爱，我的小哈利既可爱又聪明，他是我们那个街区最聪明的孩子……”

这听起来真是让人吃不消，这种没完没了的孩子话题，真是快要烦死人了。

更让人受不了的是，这种人总能将各种话题转移到他们所要说的话题上去，无论怎样不相关联，他们总能饶有兴致地将话题转移到他们的孩子身上。

再进一步讲，这些人其实都是些心灵尚未成熟的人，因为他们根本不懂得为别人着想。

还有一些情况，比如，当你尽情地欣赏最新的电影大片时，坐在你身边的朋友往往会不厌其烦地把自己刚刚看过的电影情节，一字不落地从头讲到尾，气得你想用水瓶打他的头。

令人生厌的话题还有很多，不仅仅包括孩子、电影等。比如，对丈夫或某个好朋友的工作，重新整修家具，甚至可能包括家里的宠物狗。

我印象最深的一次是在纽约街头遇到了一位老朋友，他居然用了将近40分钟的时间向我描述他家那只小金丝雀。

3. 消极的态度

这种人通常对世界抱着怀疑、悲观的态度。他们对什么都不感兴趣，觉得所有人都一无是处。倘若你遇到这类人并有机会和他聊天，我敢保证，不出几分钟，你就会感觉格外压抑，这种低调会让你闷闷不乐，甚至窒息难耐。

我就认识这样一个人，每次见她都会感到不快。她总会讲一些自己的不幸，好像她天生就要遭遇不幸一样。

她一开始会这样说："我刚才逛街，想买件喜欢的衣服，但没有一个店员主动过来帮助我，他们甚至忽略我的存在。我在那里等了好几分钟，就是不见有人过来。他们不是没看见我，可能是觉得我不像有钱人吧，我真的很气愤。而且我最近身体也不好，还有这倒霉的天气，雨一直下个不停。尽管我这么痛苦，但我的家人根本不关心我，我有时觉得活着太没意思了……"

这只是举一个小例子而已。只有你想不到的，没有他们做不到的，简直是无穷无尽。

无论是喜欢谈论孩子的母亲，还是喜欢向别人诉苦的人，只要他们一开口，就会把整个谈话气氛破坏掉，他们总是把自己放在主角的位置，而我们所做的唯有期盼这场长篇大论尽快结束，以得到心灵的解脱。

当我们开始长篇大论时，对方有时会出现不自然的微笑或眼神。当我们滔滔不绝时，对方也许已经坐立不安、心神不定。此时，我们应该做的是停止长篇大论，或者立即转移话题，让对方有讲话的机会。

还有一个迹象就是对方总是不停地看手表。这说明对方也许已经有些不耐烦了，你应该立即转移话题。公开演讲时，尤其要注意这种所谓的“看表症候”。

讲到这里，你也许会有疑问，这些到底和让我们更加成熟有什么关系呢？我们完全可以这样理解：乏味的言语可以表现出讲话者缺乏想象力和理智；其次是对人的敏感性，它反映了一个人自身是否成熟完善。

言语乏味的人不但对自己一点也不了解，不愿认识自己，也不怎么喜欢自己。因为他不知道怎样很好地把自己表现出来，所以在与别人交谈时，很难理解和满足他人的需要。当然，为了弥补内心的空虚，他们往往会将注意力集中在一些细小的事情上，所以沟通起来，他们的言语会与他们自身的精神层次一样乏味。

言语的乏味不仅仅是人格病态的一种症状，甚至是人格停止成长的一种可怕表现。

一个人如果想变得更加成熟，让心智继续成长，就要努力杜绝言谈的乏味。与一个成熟而具有朝气的人谈话，应该说是件快乐又有意思的事情。

所以，对于希望自己不断成熟的人，最应该遵守的第三个原则是：

尽可能让自己说的话有意思。我们一定要不断努力掌握说话的技巧，否则终有一天会变成一位乏味的人。

不要盲从他人

伟大的不服从主义者拉尔夫·华托·爱默生说："想要做人，就要永远做一个不服从主义者。最终你将获得心灵的完美，除此之外，一切都不再神圣……我之所以犯下无数的错误，都是因为我放弃了自己的立场，而从别人的角度来看待事物所致。"对于喜欢"从别人的角度来看待事物"的人来说，这话无疑会对其产生极大的震动。

我们不妨将爱默生的话进行延伸："可以从别人的角度来看待事物，但是一定要从你自己的角度出发去做事。"

说到成熟的好处，主要在于它能发掘我们的信念，并赋予我们根据这种信念行事的勇气。

年轻而经验不足的人总是担心自己与众不同。比如，他们担心自己所在的群体无法接受自己的衣着打扮、言行举止或思想……家有青少年的父母常常为下列困难所困扰：

"莎莉的母亲强迫她擦口红。"

"和我们同龄的女孩都出去和男孩子约会。"

"哦，你们想把我变成怪物吗？从来没有人会在 11 点以前回家。”

孩子生活在他的群体中，同学和朋友如何看待他，以及对他的接纳程度，是他最为重视的。这个群体的标准和父母希望他遵行的标准存在很大的差距，而这恰好成为了青春期孩子的最大困扰。这对父母和孩子都是一个难以解决的问题。

当我们身处一个陌生的环境，并且没有任何经验可以借鉴时，一个明智的做法是，我们应该遵循人们广泛认可的标准，并耐心等待自己的信念和标准足以使我们产生经验和信心的时刻到来。只有愚蠢的人才会在尚未了解自己反叛的事物和原因之前就盲目进行反叛。

终有一天，我们会形成自己的价值观。比如，我们都知道诚实对于我们有莫大的好处，从小我们就接受大人的这一教导，长大后更深刻地体会到诚实的重要性。幸运的是，大部分人在生活中都愿意遵守最基本的原则，否则我们的社会将陷入一种无政府状态。

当然，有时最基本的原则也会受到挑战。这时，那些不愿盲从一般思想的人就会成为推动文明进步的强大动力。这就好比奴隶制度，在激进分子主张废除奴隶制之前，奴隶制度就像一个合理的存在，没有丝毫反对的声音。当时，人们普遍愚蠢地接受可怜的童工、残酷的惩罚、可恶的仿冒品等一系列不合理的现象。直到少数意志坚定的人极力抗争之后，这些现象才逐渐减少，并最终废除奴隶制度。

要想做到不盲从并不容易，它通常会给人带来不愉快，甚至生命危险。因此，很多人既不怀疑也不抗争，只是紧紧地跟随大众，由大众保护着，接受大众的指引。殊不知，这种安全感完全是在自欺欺人，因为这种随波逐流、毫无主见的人恰恰是最容易受到伤害的。

假如我们一味顺从、趋利避害，就会变成奴隶。只有勇于接受生活的挑战，努力奋斗，敢于参加任何决议的讨论，才能获得真正的自由。著名战地记者、作家艾德格·莫瑞曾经说过："在这个世界上，任何男女都不能靠拥有'隐忍'这种美德（如自我调整适应、未雨绸缪或知足常乐等），来达到诚实、正直的理想状态……他们必须通过重重难关才能达到卓越（或幸福的极致），完美的人都曾经踏上我们祖先走过的道路，在历经磨难之后，成长壮大。"

我们一直强调，勇于承担责任正是一个人迈向成熟的标志之一。长大成人意味着脱离父母的羽翼保护，开始步入一个更加广阔的天地。因此，假如我们能够真正成熟起来，就无须因害怕而盲目顺从，也不必在群体中掩藏我们的个性，更不必毫无主见地接受别人的思想。

一个能够决定自己的人生、具有使命感的人，无须别人提醒他在必要时坚持立场、与全人类抗争的重大意义。相反，他会狂热地全力以赴，而不考虑其他的选择。因为他的内心有一股强大的力量在鼓舞他，使他得以排除一切障碍，勇往直前。

而另一些人，比如我们，常常受到群体力量的控制。我们常常以为，既然有这么多人不赞同自己，那我们必然是错的，迫于压力，我们放弃了自己的信念。这也是说，当反对的人足够多时，我们就会对自己的判断失去信心。

一个人只有成熟起来，才能建立自己的信念，并奉行不渝。为了自己、为了人类，我们每个人都有义务以最佳的方式竭尽所能地为人类争取幸福。爱默生在这方面所坚持的立场，是我最欣赏的。一直以来，爱默生都支持反对奴隶制的重大运动，因为他认为这样做能为社会作出更大的贡献。这一崇高的思想激励他持续为废除奴隶制而不断奋斗。他的态度正是源于自己的原则，他也愿意为了这一原则而放弃虚名。

坚持不被大众认可的目标，或者站在大众的对立面，这些都需要勇气。一个不盲从他人、处于劣势而依然坚守信念的人，无疑是最勇敢的。

最近我参加了一场社交聚会，当时人们正在谈论一个近来经常见于报纸的颇有争议的话题。除了一个人很有礼貌地避免谈论这个话题外，几乎所有客人都持着相同的观点。这时，有一个人要他说出自己的看法。

“本来我是希望您最好不要问我的，”这位客人微笑着说，“因为我的看法和大家正好相反，而这又是社交场合。不过，既然您问了，我只好谈谈我的观点了。”

他简要地说明了自己的观点，不出所料，他遭到了众人的围攻，但他并没有让步，即使没有一个人支持他，他仍然坚持自己的看法。最后，他虽然没有赢得任何人的赞同，但人们都非常尊敬他，因为他没有附和大多数人的观点，坚持了自己的观点。

以前，人们为了生存，主要依靠自己的判断进行决策。比如，当初到西部去的拓荒者，根本没有专家的指导，也无法追随前人的足迹，假如遇到危机或紧急状况，他们只能依靠自己。

生病了怎么办？那里根本就找不到医生，他们只能根据常识，使用自制的药品。

印第安人来偷袭怎么办？大草原上可找不到警察，他们必须靠自己的力气和谋略来保护自己。

如何为家人搭建庇护所？那里找不到建筑承包商，他们只能靠自己的双手和技术。

哪里可以找到食物呢？他们也只能靠自己去种植或寻找。

可以说，生活中的一切问题都需要他们自己去解决。事实上，他们做得非常好。

而在现代社会，在我们所生活的这个时代，因为有了专家的存在，不管什么事，我们都习惯于听取这些权威的意见，以致渐渐失去了独立发表意见或建立信念的信心，而那些专家似乎也习惯了这一切。之所以变成这样，其实正是我们自己导致的。

如今的教育，奉行的是先入为主的人格模式理念。比如风靡一时的"领导统率训练"，它忽略了一个事实，那就是大部分人都是追随者，而不是领导者。尽管我们有必要接受关于领导统率的训练，但我们更有可能受人领导，更需要知道如何做人、如何聪明而理性地追随领导者，而不是像一群牛那样盲目地走进屠宰场任人宰割。

教育家华尔特·B. 巴伯对此评论道："我们的后代正在接受训练，以发展他们外在的人格特征，接近我们国家理想中的完美人格，比如群居性强、受人欢迎、善于适应群体等。这使得那些胆小畏缩的孩子无处容身。他们的胆小畏缩，是因为感情上不适应。

"每一个孩子都应该参与游戏，而且要想当领导；每一个孩子都应该对讨论的问题提出明确的意见；每一个孩子都应该争取让其他孩子喜欢自己。在我们的教育制度下，如果想培养出最快乐、最有潜质的公民，就必须让那些孩子——他们不盲从一般思想、对阅读的兴趣超过打棒球、对音乐的兴趣超过踢足球——有一个可以容身的地方。我们必须鼓励这类孩子与众不同，而不是变成能够适应不良习性的孩子。”

送孩子到公立学校接受教育，父母显然需要具备极大的勇气。每当遇到这种情况，人们就会建议他们求助于教育专家。然而，有一个年轻人却挺身而出，对他儿子接受教育的方式提出质疑。对于通常的做法，他没有盲目顺从，而是对自己的信念充满了信心。他毫无保留提出了自己的意见，并在一天晚上的集会中争取到了教育改革的权利。一年后，他成了社区的一名教育委员。现在，包括他的子女在内的几百个孩子都从中获得了益处。

遗憾的是，我们在日常生活中常见的现象却是：儿科医生教会我们如何喂养、照顾孩子；儿童心理专家教会我们如何帮助孩子养成适当的行为模式；商业顾问教会我们如何经商；我们在参政议政时，也不是代表自己，而是以某个政党成员的身份进行投票；甚至我们的爱情生活，也有专家插手，他们研究它，描绘了一些图表，然后详细地分析给我们听，而我们也认同这些结果，并在爱情生活中遵从其指示。

再也没有人敢于承认自己就是世界上最权威的专家。不少人在“专家”的指引下盲目追赶潮流，实在令人佩服，这就像一场鼓舞人心的演说，但真的无法得到我的认同。

艾德格·莫瑞在其著作中曾对我们所处的“兽群国家”提出忠告：“不要否定个人至高无上的价值。”在《周六文学评论》的一篇文章中，他写道：

“这种扼杀，正如令人痛恨的纳粹政权一样，它鼓舞了人性中的残暴和专制成分，这正与美国社会的理想背道而驰。美国的立国精神不仅在维护国家的独立，并且要使人民在国家中受到尊重。假如美国人因受威胁、贿赂，或被教育成不具备独立人格的族群，就难怪他们也会群集起来反对政府了。”

莫瑞先生下结论说：“即使你无法成为天使，但是也不能成为蚂蚁。”

可以说，要实现“成为你自己”这个目标已经十分困难。在这个以生产过剩、科技发达和教育一体化为基础的社会中，我们要想了解自己非常艰难，而要想“成为你自己”更是难上加难。人们习惯于按照一定的类别来划分人，如“他是工会的人”、“她是公司职员的妻子”、“他是自由派人士”或“一个持不同政见的人”。这就像孩子们玩的“警察捉小偷”的游戏，我们不仅给自己贴上了标签，也给别人贴上了标签。

普林斯顿大学校长哈罗德·W. 杜斯先生曾经很担心“不顺从”会屈服于“顺从”。在1955年6月发表的普林斯顿大学毕业生训词中，他以“作为个人而存在的重要性”为题，告诫毕业生说：

“无论你受到的压力有多大，使你不得不改变自己去顺应环境，但只要你是个具有独立个性气质的人，便会发现，不管你如何尽力想用理性的方法向环境投降，你仍会失去自己所拥有的最珍贵的资产——自尊。想要维护自己的独立性，可说是人类具有的神圣需求，是不愿当别人橡皮图章的尊严表现。随波逐流虽可一时得到某种情绪上的满足，但也时时会干扰你心灵的平静。”

杜斯校长的结论也发人深省：

“人们只有在找到自我的时候，才会明白自己为什么来到这个世界、他在这个世界上要做些什么，以及他将去往何处等这类问题。”

澳大利亚驻美国大使帕西·斯宾德爵士，曾经担任过纽约基尼克塔迪联合学院和联合大学的名誉校长。他说：

“生命的意义，在于把我们自身具备的各种才能发挥出来。我们对于自己的国家、社会、家庭，都具有责任。这是我们来到这个世界上的理由，也能使我们活得更有价值。假如我们拒绝履行这些义务，社会便不会有秩序，我们的天赋和独立性也不能发挥——我们有权利，也应有一个神圣的机会去培养自己的独特性，并借以追求自己、家人、朋友，甚至全人类的快乐幸福。”

唯有成熟的心灵才易于感知这种潜能，也只有成熟的人，才可能拥有“宁可只比天使低一点，也不能只比猴子高一点”的自豪感，顽强而勇敢地活下去。

对于心灵成熟的人来说，“顺从”是一个遥不可及的概念，它是茫然无从者的护身符，而成熟的人在心灵上无疑已认同了爱默生的说法：“个人心灵的完美，是最为神圣的。”

所以，对于希望自己不断成熟的人，最应该遵守的第四个原则是：

不要盲从他人。

避免陷入孤独的泥沼

5年前，我的一位朋友不幸失去自己的丈夫，她为此悲痛欲绝，之后，她和成千上万的人一样，沉浸在孤独与痛苦之中无法自拔。“我应该怎么做呢?”她在丈夫去世大概一个月之后的一天晚上，前来向我求助，“我应该住到哪里去？我还能过上幸福的生活吗?”

我努力向她解释，她之所以焦虑，是因为她遭遇了不幸，才50多岁便失去了自己的生活伴侣，悲痛是难免的，但是随着时间的流逝，这些伤痛和忧虑势必会慢慢地减缓消失，她也将开始新的生活——在痛苦的灰烬之中重新建立自己的幸福。

“不!”她绝望地说，“我不相信自己还能重新得到幸福。我已经不年轻了，孩子也都已经长大成人，各自成了家。我还能到什么地方去呢?”这个可怜的女人患上了严重的自怜症，而且不知道应该怎样治疗这种疾病。一晃好几年过去了，她的心情一直没有好转。

有一天，我忍不住对她说：“依我看，你并不是想要特别引起别人的同情或怜悯。不管怎样，你可以重新建立自己的新生活，结识交新的朋友，培养新的兴趣爱好，千万不要沉溺在往事中自哀自怜了。”这些话她完全没有听进去，因为她始终在为自己不幸的命运而哀叹。后来，她觉得儿女对她的幸福负有义务，于是便搬去与一个女儿同住。

然而，事情的结果并不如意，同处一个屋檐下，她和女儿都痛苦万分，甚至翻脸成仇。于是，她又搬去与儿子同住，但结果也不怎么样。最后，她的儿女一起出钱买了一间公寓给她独住，但是，这并没有真正解决问题。一天下午，她哭着对我说，她的家人抛弃了她。

显然，她想让全世界的人都可怜她，但这样她永远也不会快乐。她是个不可救药的自私女人，尽管已经在世上走过了61个年头，但就感情而言，她还是个小孩子。

寂寞的人永远不会明白，爱情和友情不可能像包装精美的礼物那样被送到自己的手上，受欢迎和被接纳也从来不是轻易就能够实现的。每个人都应该努力去赢得别人的喜欢，爱情、友情和幸福的生活不可能通过谈判来获得。我们必须学会面对这些现实！

配偶去世了，但是法律并没有剥夺活人幸福的权利。但是，我们必须明白，快乐不是救济金或施舍品，是我们理所应当拥有的。每个人都必须努力让自己变得受人喜爱和欢迎。

下面是一个真实的故事，故事中的老妇人通过努力，使自己变成了一位受人欢迎和尊敬的人。

克劳伦斯夫人60多岁，这次她首次出海旅行。她乘坐的客轮航行在地中海上，轮船上有许多快乐的夫妇和未婚的情侣。克劳伦斯夫人穿行在这些快乐的游客中，尽管她是独自出行，却满面春风，神情愉悦。

克劳伦斯夫人通过这次海上旅行验证寻找快乐的秘诀。她是一个寡妇，曾经也像前面提到的那位女士那样悲痛欲绝。但是，有一天早上她突然醒悟过来，摆脱了悲伤，重新投入新的生活中。

克劳伦斯夫人是经过一番深思熟虑之后才作出这个决定的。她的丈夫曾经是她全部的爱和生命，他离开后把她独自留在这个世界上。她必须让这一切成为过去。

于是，她重拾了绘画的爱好，并把它变成自己生活中最重要的活动。绘画陪伴她度过了那段悲痛的日子，并给她带来了最大的回报，变成了她独立的事业。

失去丈夫之初，克劳伦斯夫人不愿意出门，害怕见到任何人。她觉得自己长相普通，而且经济窘迫，在那段被怀疑和绝望包围的日子里，她经常问自己可以做什么、应该怎样做，才会被人们接受，并且受人欢迎。

最终，她找到了答案——要想被别人接受，就必须乐于付出，而不是乞求别人的给予。

克劳伦斯夫人开始以微笑替代悲哀。她努力作画，经常出门去探望朋友。每当她这样做的时候，她经常提醒自己要露出欢乐的表情。因此，她在和别人相处时总是谈笑风生，而且从不逗留过多时间。慢慢地，朋友们开始争相邀请克劳伦斯夫人去参加各种宴会，社区活动中心也邀请她举办个人画展。

数月之后的一天傍晚，克劳伦斯夫人登上了这艘开往地中海的客轮。她很快便成为客轮上最受欢迎的游客，她对所有人都保持善良友好的态度，同时又保持着一种超然，从不议论别人的隐私，也不依附任何人。

客轮在第二天靠岸。登岸前的那天晚上，全体游客在克劳伦斯夫人的房间里举行了一次兴高采烈的聚会，克劳伦斯夫人也谦逊地回报了众人的热情。

后来，克劳伦斯夫人又出海旅行了好几次。每一次她都是这样做的，并因此成了受人欢迎的人。

克劳伦斯夫人深知，一个人要想得到别人的友谊，首先必须热爱生活，并乐于奉献自己。因此，她无论到什么地方，都很善于营造一种和谐的氛围，受到人们发自内心的欢迎。

人类在医药方面的研究一直进步神速，但是我们所生活的这个世纪却出现了一种新的疾病，那就是“大众寂寞病”。里斯·怀特是加利福尼亚州奥克兰米尔斯学院的院长，他曾就这一问题向出席基督教女青年会晚宴的人们发表了一场精彩的演讲。

他在演讲中说：“寂寞是20世纪的主要疾病。正如大卫·雷斯曼所说，‘我们都是寂寞的人’。随着人口的迅速增胀，人与人之间患难与共的真情正渐渐消失……我们生活在一个毫无个性可言的世界。我们的事业、政府的规模、人口的频繁流动等，所有这一切，导致我们不管到哪个地方都无法获得长久的友谊，而这还仅仅是令数百万人倍觉寒冷的新冰河时代的开端。

“对于同胞的爱，可以被称为纯真的热情。有了爱，我们才能对抗腐败灵魂的侵蚀，才能摆脱宇宙的孤寂，营造一种善良友好的精神氛围。”

所以，要想克服寂寞，必须努力创造怀特博士所说的那种“精神氛围”。无论我们身处何方，都应该通过自己的努力，创造一种温暖、友爱的环境。

对许多人来说，要想克服寂寞，首先必须停止自我怜悯，走进光明，结交新的朋友，与他们一起分享快乐——尽管这需要很大的勇气，但是很多人都做到了。

据调查显示，在夫妻当中，妻子通常会比丈夫更长寿。从表面上看，女人一旦失去了丈夫，就不太容易开拓新的生活。而男人因为工作的关系，会强迫自己努力奋斗，所以从自然规律来说，他们的确比女人强壮，也更富于进取。而女人因为要尽到自己的“职责”，如照顾家庭和家人，所以她们很少有足够的心理准备。当她们守寡后，很少能够独自走完人生的路程，并快乐地走下去。但是，只要她们让自己变得成熟起来，便一定能做到这些，而不是空度余生。

当然，除了寡妇、鳏夫会感到寂寞外，那些单身汉或者选美皇后，也很有可能会患上这种孤独寂寞的大众病。在某种程度上，这种疾病更容易侵袭大都市里的背井离乡者和乡间教堂的独奏者。

几年前，单身的青年男子约翰独自来到纽约闯荡。他英俊潇洒，受过良好的教育，而且去过许多地方。他充满自信，对自己的未来满怀憧憬。

来到纽约后，约翰白天忙于参加各种销售会议，生活充实而紧张。但到了晚上，他却陷入孤独寂寞之中。他不喜欢一个人吃饭，也不喜欢一个人去电影院看电影，但他也不想去打扰住在城里已婚的朋友——另外，他也不喜欢那种主动投怀送抱的女人。

显而易见，约翰想要的是那种好女孩，但绝不是从乡村酒吧里出来的。他也不愿加入“寂寞者俱乐部”，或者去社交服务中心解决自己的特殊问题。最后，寂寞难耐的约翰无可奈何地离开了这个他原本打算大展身手的城市。

实际上，城市可能比乡间小镇更容易让人感到寂寞孤独。一个在城市里生活的男人，也许要付出比在乡村更多的努力，才能被人接受、受人欢迎。他必须事先想好，自己下班之后应该有什么样的生活和兴趣，然后再去寻找那些场所。如果他想要找到趣味相投的朋友，也需要靠他自己去主动争取。

生活在一个陌生的城市，我们其实有很多事情可以做——可以上教堂或者参加兴趣俱乐部，这些都是认识人的好渠道；还可以选修成人教育课程，这不但可以增进我们的知识和能力，还可以结交同伴获得友谊。

但是，假如你只是独自在饭馆里用餐，或者在酒吧里默默地喝酒，显然是得不到什么情谊的。你必须计划或者努力去做些什么事情。众所周知，纽约的地铁是全世界最大的地下交通网。但是，假如你不愿意先投下一个硬币，走进那个旋转门，整个地下铁路系统对你便毫无意义。

数年前，我认识了两个在纽约东区共同租住一间公寓的女孩，她们都十分迷人，并且拥有一份待遇不菲的工作，希望自己有朝一日能出人头地。令人惊奇的是，以她们的年纪来说，其中一位女孩聪慧过人。她认为，居住在大都会的女孩——尤其是单身女孩——一定要仔细安排自己的生活，并规划自己的未来。她经常到一间教会去参加各种活动，还加入了一个研讨会，甚至选修了一门改进个性的课程。她把大部分的收入用于与人交际，努力使自己的生活过得丰富多彩。

她的休闲活动适度而愉快，但她在与人交往时也保持了相当的谨慎，极力避免那些暧昧不清的男女关系。

初到纽约时，她和很多人一样，也感到寂寞不已。但是，她不像某些男人一样，在海底潜游半天，只找到一块海绵。她深知生活需要有明确的规划。现在，她成了我的好朋友，我也时常去看望她。她和一位聪明能干的年轻律师结了婚，婚后的生活也十分愉快。很显然，这是她强调“要达到目标”的结果——她得到了幸福快乐的人生。

而与她同住的那个女孩，当初也很孤单寂寞，但她没有认真规划自己的生活。她企图在游乐场所或酒吧寻找朋友，结果却加入了一个俱乐部——帮助酗酒者的“戒酒俱乐部”！

所以，对于希望自己不断成熟的人，最应该遵守的第五个原则是：

幸福不能靠别人施舍，而要自己去争取。

善于发掘人性的闪光点

下面这个故事来自于纽约的琼·李·洛利，他在信中说了一些有趣的人和事：

“一天上午11点左右，两个商人以所谓的‘法律手段’夺走了我的公司。由于事发突然，我一点心理准备也没有，一时手足无措，赶紧去找自己的律师。经过与律师交谈，我不得不接受了这一事实。可以说，我自出生以来从来没有这么恐惧过，转眼之间，我就失去了一切。

“下午2点左右，我来到工厂，把事情的经过告诉生产部经理露易丝小姐，然后和员工们一一道别。这些人基本上都是在我创业时便跟随我的。

“出乎意料的是，当新老板接管公司的时候，发生了令人惊讶的事情——全公司的人都收拾好了自己的东西，集体辞职了。新老板表示，只要他们愿意留下来，他会给他们一个满意的条件。他还特意找到露易丝，对她说，只要她肯回去，就给她一份终身职务。但是，露易丝回答说：“我不靠你们这种人也可以活下去。”

“新老板急得如热锅上的蚂蚁。因为他们有大量的库存和机器，但却没有懂生产技术的人，也找不到愿意为他们工作的人。

“我的员工到政府部门去申请失业救济金，然而，当政府部门打电话到公司核实时，新老板说：“他们在我们这里有事可干，可以让他们回来上班。”尽管如此，员工们仍不接受，自然也没有得到救济金。我对此也无能为力，因为我现在身无分文，我的一切都归公司所有。

“5 个星期很快就过去了，情况没有任何改变。我心里十分着急，担心员工们的生计，因为他们基本都是月光族。不过，就在第六个星期，新老板投降了，因为他们只得到了公司的一个空壳，根本没有办法开工。那天下午 4 点钟左右，我又合法地拿回了自己的公司。第二天一大早，所有的员工都回来上班了。

“当我失去公司的时候，情况确实十分糟糕。我无计可施，唯一拥有的是与员工之间的相互尊重、欣赏和理解。在我事业的危急关头，正是员工们最真诚的忠心，才使新老板无奈地把公司归还给我。

“我相信，这个世界上不会有人像我那么幸运，拥有这么多可爱的朋友。我永远感激他们。”

无疑，这是一个感人的故事！

生活中，成熟的人永远在挖掘人类的可爱之处。而那些只会说“搞政治的人全都是骗子”、“大公司都缺少人情味”、“老板都是奸商”的人，显然离成熟的境界还很远。

西弗吉尼亚州的达尔·帕里在 1944 年从海上的一艘自由轮船中，

便学到了这宝贵的一课。他的经历完全值得我们学习借鉴。

当时，帕里先生在一所航海学校学习，在轮船上以甲板水手的身份实习。这是轮船上最低的职位，因此，几乎所有人都可以指使他做事，并且不得违背，否则，一旦有人提出对他不利的报告，他就得回到部队里去。帕里先生说：

“船长并不在意这种实习制度，而且也不在乎来自商业航海学院的一切人和事，因此，我的日子不太好过。

“和这群冷漠无情的人一起待了4个星期后，我的功课落下了许多。我本来每天要花6个小时温习功课的。为此，我只好想办法解决这事。我决定去跟船长谈一谈。一天晚上，我带着一本书，小声地敲了敲船长的门。

“‘谁?’他大声问道。

“‘是我，帕里。船长，我——’

“‘你究竟想要干什么?’他生气地问我。

“‘是这样的，船长，我现在遇到了一件棘手的问题，不知道您能否为我解释一下?我想我会非常感激您的。相信以您多年的出海经验，一定遇到过不少类似的问题，也知道该怎么处理。’

“‘当然。’船长说，‘你说说看。’

“当我从船长的房间走出来时，除了每天花2个小时在甲板上服务、4个小时执勤外，我还得到了4个小时的时间用于复习功课。船长成了一位善良体贴的大好人。”

所以，只要我们愿意仔细观察，消除心中的忧虑，便会发现这些可爱的同胞是多么的善良、仁慈而慷慨。

有一年夏天，康涅狄格州的梅德河发生了洪水，假如没有靠勇气及邻里之间的相互鼓励和帮助，当地的居民有几个能得以幸存呢？

面对死亡和灾难，我们可以从中学到一些关于人生的知识。

我的朋友由于参与了镇上的派系斗争，与自己的邻居势如水火。后来，他在车祸中受了重伤，被送进医院治疗。

圣诞节那天晚上，他躺在医院的病床上，内心十分凄凉。出乎他意料的是，他的两个邻居前来探望他，而他原以为他们是十分痛恨自己的。他们送给他一份圣诞礼物——一只装满礼物的巨大的蓝色圣诞袜。

显然，我的朋友通过这件事如何改变自己对人们的看法，已经无须多费口舌了。

我一直认为，大部分人的本性是善良的。一旦我对此有所怀疑，就会走进书房，从书桌的小抽屉里拿出一封珍藏已久的信，这封信来自梅伊·卡莱女士。她在信中写道：

“我 12 岁那年，一个邻居向我父亲借了 1800 美元，从而保住了自己的农场。过了几年，那个邻居虽然有能力还钱了，但他一直没有归还这笔钱。

“有一次，这个邻居喝醉酒后，突然想到假如我父亲死了，他就无须归还这笔钱了。于是，他在我父亲晚上开车进城时，故意开车撞向我父亲的车子，结果，我父亲被当场撞断了 3 条肋骨和一条胳臂，另一只手也受了重伤。这时，那个邻居毫不在意地开车扬长而去，对我受伤的父亲置之不理。

“住在城里的一个朋友得知此事后，找到我的父亲，把他送到城里的医院。就在我父亲一手扶住受伤的肋部，坐在路边等候医生叫自己时，那个喝醉的邻居又出现了。他毫无人性地踢了我父亲的下巴一脚，使我父亲的下巴又严重受伤，并且导致腺体受损，连体内的其他一些腺体也受到了感染。

“过了一会儿，医生带着警察赶到了。但是，父亲不让警察带走那个邻居，还为他解释说是因为喝醉了酒才做出这样的事。父亲还说，假如逮捕了他，会给他的家人带来更多的麻烦。

“父亲在城里的一家医院接受治疗，一年半后，他还是去世了。临终之前，父亲把我们叫到身边，显然是有话要嘱咐我们。

“父亲紧紧地握住我的手，说：‘答应我，永远不要仇恨邻居的孩子们，要让他们和你一样，成长为社区里受人敬重的人。一个人心中充满仇恨的话，是永远不会得到快乐的。’

“对于小孩子来说，这并不容易做到。但是，我做到了。我30年如一日地信守着这个承诺，并和那个邻居的孩子成了最好的朋友。”

卡莱女士的父亲就像上帝一样富有同情心和谅解心。他借给邻居钱，结果还被邻居故意撞伤，并因此丢了生命。然而，他并没有怨恨邻居，还要求自己的家人不要因此而记恨邻居的家人。

加州格兰德尔的威拉德·柯罗斯莱医生还在医学院上三年级，他也有一次有趣而极具教育意义的经历。

一个周六的上午，院长将要做一堂有关药理学的重要讲座，然而，柯罗斯莱却偷偷溜走，约了一个漂亮的金发护士到校外去野餐。当柯罗斯莱准备给女友朗诵诗歌时，有个人突然走了过来。

“我抬起头，”柯罗斯莱医生说，“正好对上了院长的眼光。他和他的女儿一起出来收集药草。我坐着不敢动，也不敢说话，我当时一定是吓坏了。不过，院长看了我一眼，就皱着眉头离开了。

“他离开以后，我顿时慌了，对野餐和金发女友都再也提不起兴趣，一心想着3年的医学院生活恐怕要结束了，我会被开除的。

“我回到学校交谊厅后，和几个好朋友说了这件事。他们都觉得事情很不乐观。有个人甚至拍着我的背说：‘啊，你是不是不想当医生了啊?’有人还问我多少钱能买我的书。我在一片愁云惨雾中度过了周末。星期一上午，我决定去找院长谈谈。

“见到院长后，我说：‘院长，我想为我上个星期六的无礼表现表示道歉。见到您的时候，我既没有站起来，也没有向您问好，我实在是太没礼貌了。’

“院长有点好笑地说：‘威拉德，年轻时我也干过同样的事。不用担心！对了，你们玩得开心吗?’

“我心里的石头终于落了地。没想到院长如此富有人情味，他了解年轻人的生活、工作和娱乐的方式。我想，这或许正是他能当院长的原因!”

柯罗斯莱医生所言极是，这正是好人通过培养自己的成熟来发现快乐、获得成功的内在原因，也是光明和黑暗的本质区别。

新泽西州的J·W. 阿尔伯特先生在被召回海军服役时，也获得了对人的新认识和感受。当时，他在圣地亚哥的一艘驱逐舰上担任轮机长。

“这似乎是海军一贯的做法，”阿尔伯特先生说，“我这个愚笨的会计师竟然被派去负责舰上的锅炉室、轮机室和其他的机械设备，而我对这些根本一无所知。

“我这辈子去过轮机室的次数寥寥可数，因此，我在上舰前一个月就开始担心，上舰几个星期后仍然没有适应。事实证明，我的担心是多余的，因为没有什么是克服不了，一切都很顺利。

“上舰大概一个月后，我们得到了3天的周末假。当我对部下宣布这个好消息时，我十分高兴地说：‘这个特别的假期，完全是因为你们过去一个月的优秀表现，我很荣幸有机会与你们共事。你们都做到了尽职尽责，由于你们的共同努力，我们轮机部现在变得坚强无比。’

“我说这些话时并没有多想，几天后才有所领悟。这原本就是一个事实啊！这些人都尽了自己的努力，表现都很优秀，正是他们为我做到了我一度没有信心做好的事情。而我一直以为是自己承担了全部的责任！

“我意识到，我们根本不用担心舰船会因我们的失误而被炸毁，也不用担心无法按时完成任务。我还明白到，我们并不是孤立无助的，因为我们身边总是有很多好人，他们会像我们帮助别人一样帮助我们。”

没错，世界上到处都有好人。人群中也难免会有骗子、恶棍、盗贼和流氓，我们在人生的道路上总会遇到这种人。不过，即使偶尔遭遇一两个坏人，也不能说明世上的人都是坏人，这就像燕子飞来并不表明春天已经来临一样。当然，一个人只有足够成熟，才能明白这个道理。

我们的行为和态度经常会导致他人的一些行为反应，使我们变得愤愤不平，偏激地认定“这个世上根本就没有好人”。

几年前，我来到纽约打算进行一项新的事业，结果因为一次痛苦的经历而付出了昂贵的代价，平白无故地赔了几百万美元。

之后很长一段时间，我内心的怨气始终无法平息，但也无可奈何。我开始相信人们以前说的关于大都市里肮脏的商业伦理故事，认为这些都有真实的，我是被奸商骗了，变成了商业欺诈的牺牲品。

但是，我慢慢想明白了。假如我当时能稍微用下脑子，事情可能根本不会那样收场。一切都是因为我的轻率和愚蠢，要怪只能怪自己，与别人没有任何关系。

在现实生活中，人们往往宁愿相信自己是因他人的恶行而受害，也不愿承认是自己的愚蠢导致了失败。因此，人们最难于启齿的一句话就是“我是个笨蛋”。但是，当一个人长大成熟，脱离了感情上的婴儿期后，就一定能对自己说出这句话。

所有孩子都能告诉你人性中丑陋的一面，如自私、愚蠢、贪婪和自负。只有具备了成熟的洞察力，才能感知人类善良的本性，发掘人性中所蕴含的巨大资源和潜能。

所以，对于希望自己不断成熟的人，最应该遵守的第六个原则是：

善于发掘人性的闪光点。

学会赢得友谊

15 岁那年，我还是个爱幻想的孩子，常常想象自己日后能写出一部全美国最伟大的小说。于是，我开始陶醉在梦想之中，眼前似乎出现了周日报纸上长篇大论的赞美，耳边似乎响起了雷鸣般的掌声。我幻想着去巴黎旅行时要穿什么衣服，兴奋地发现人们四处引用我的文章，不管我到哪里，总有人追随和崇拜我。

当我沉浸在幻想中时，根本没有意识到写作必须要付出汗水和艰辛。我的梦想天堂中，只有收获的荣耀，而没有辛苦的付出。

基于此，在美国伟大作家的名录中根本不可能找到我的名字。我也渐渐了解到，那些伟大的作品只可能由整天埋首写作、不图任何回报的人创作出来。

年轻时，我的心态十分可笑，既渴望友情，却只想与人保持某种比较满意的关系。很多人也是这样，既想让别人对自己感兴趣，又不肯花时间和精力让别人来接受自己。

我在开设成人教育课程培训班时，发现很多人都感到自卑，他们心里总是认为："我太害羞胆小了，无法吸引别人的注意""相信不会有人对我感兴趣的""别人并不渴望认识我"……

是啊，为什么别人要对你感兴趣呢？这个世界上，没有谁有义务必须去喜欢别人。无论是经商还是社交，假如你没有别人想要的东西，别人也没有任何理由要主动讨好你。

中国思想家孔子曾经说过："不患人之不己知，患不知人也。"所以，要想赢得别人的友谊，我们必须甩掉身上的包袱，不要担心别人会不会喜欢我们，而要尽量发掘我们身上潜藏的优点，激发别人来赏识我们。

玛丽安·安德逊对于自己早年的生活生动地描述道：

"当时，我的事业失败了，郁郁不得志，一心想要放弃歌唱生涯。后来，我遵循自己的内心，终于恢复了勇气和信心，打算继续为自己的事业打拼。有一天，我兴致勃勃地对母亲说：'我要继续唱下去！我希望每个人都喜欢我！我要继续追求完美！'

"母亲回答道：'这很好，你的志向十分远大——不过，你得明白，在成就一番伟业之前，一个人必须先学会谦卑。'我闻言深受感动，决心在歌唱事业上'力求'完美，而不是'想要'完美。'谦卑先于伟大。'这是母亲给我的最好赠言。"

艾伦·布恩在好莱坞默片时代以拥有狗明星"强心"而名噪一时，他仔细观察许多狗的动作和行为，后来写了一本轰动一时的畅销书——《写给强心的信》。书中提到，拍片时，强心很能自娱自乐，仿佛不是为了报酬而工作，而是真的喜欢这份工作。有时候，尽管现场根本没有人要求它表演，它却一直表演得兴高采烈。由此可见，它完全不是为了报酬或奖赏而工作，而这也是它之所以能够成为明星的秘诀。

下面这个小舞星的故事也是布恩先生告诉我们的。试镜的时候，那个小女孩紧张得几乎没有勇气出场。布恩对她说："不要去想象试镜的结果，只要高高兴兴地跳，就是成功。"

于是，女孩放松了自己，试镜之后成功被录用了。

请记住，永远不要担心结果怎样，或者在意别人是否喜欢我们，这是引起别人注意的最好方法。我们只要采取行动，努力完成那些必须完成的事情就可以了。正如威廉·奥斯勒爵士所说：“不用为模糊不清的未来而担忧，只要清清楚楚地为现在努力即可。”

荷马·克洛维是一个作家，也是我的好朋友，他深晓交友之道。与他接触过的人，不论是清洁工、百万富翁、男女老少，都会在 15 分钟内对他产生好感。原因何在？他既不年轻，也不英俊，更不是百万富翁，他身上到底有什么魅力呢？说来很简单，就是因为他从来不矫揉造作，并且让别人感觉到他是真的喜欢、关心他们。

小孩会主动爬到他的膝上，朋友家的仆人也会专门为他准备食物；只要有人宣布“今晚荷马·克洛维将会出席”，那么，没有人会感觉不愉快。除了朋友间的深厚感情之外，荷马·克洛维的家人也十分敬爱他。他的妻子、女儿，以及几个孙辈，都对他称赞不已。

这位作家为什么如此受人欢迎呢？其实很简单，就是真诚待人、热爱人类而已。他从不介意对方是什么人，或者做什么事。只要是人，便对他意义重大，值得他付出关爱。每每遇见陌生人，他和对方很快就能像老朋友一样交谈起来——大部分是谈对方的事，而不是谈他自己的事。通过提出问题，他得知对方来自哪里，从事什么工作，家庭成员的组成等。他向对方表示出自己的兴趣和关心，以此建立双方之间的友谊，但从来不会喋喋不休。

运用这种方法，即使最爱嘲讽人生的人，也会像阳光下的花朵一样吐露芬芳。这正如约瑟夫·格鲁大使所说的："外交的秘诀仅在五个字：我要喜欢你。"

荷马·克洛维从来不为如何结交朋友而发愁，因为他已经成为每一个人的朋友。他一心一意地去喜欢别人，却从不在意别人是不是喜欢自己，结果呢，他收获了遍天下的朋友。

富有经验的推销员都知道，如果总是担心无法成功向客户推销产品，将会给自己造成心理障碍，从而无法顺利地介绍产品。

通用制造公司的前董事长哈瑞·布雷斯，在大学期间曾推销过缝纫机。他总结说：

"要想做个成功的推销员，千万不要把注意力放在自己能推销多少产品出去，而应集中精力向客户介绍你能为他提供什么样的服务。

"当你把精力花在更好地为他人服务上，就会拥有令人难以抵挡的力量。想想看，有谁会拒绝一个想要帮助自己解决问题的人呢？

"我告诉那些推销员，如果他们心中整天想的都是'今天我要尽量多地帮助一些人'，而不是'我今天要努力多推销一些产品出去'，他们将会发现接近客户并没有那么困难，他们的销售业绩也会大大提升。最好的推销员，应该能够帮助人们快乐、轻松地生活。"

高尔夫球教练通常会告诫我们，眼睛不能离开球；向成年人传授说话技巧时，我们也会告诫学生应该把心思集中在自己想要表达的内容上。总是担心结果如何，通常会引起紧张、害怕，自然是不可取的。

在这一点上，我曾经吃过苦头，并得到了教训。年轻时，我十分腼腆害羞，从不敢在公开场合讲话。假如让我在一群人面前发表演讲，简直比让一个普通人面对国会调查委员会还要难。

有一次，我即将发表一场演讲，而听众是一群无比挑剔的人。我内心非常紧张、担忧，于是去找一位十分亲近的朋友商量。

“假如他们不赞同我的意见，我应该怎么做？”我神色紧张地问道，“假如他们不喜欢我呢？”

“哦，”他说，“他们为什么要喜欢你？你能为他们做什么？你觉得你要告诉他们的事情很重要吗？”

我说：“是的，我认为我要讲的内容十分重要。”

“好吧，”他直截了当地对我说，“你只要把你想要讲的内容和盘托出就好了，我想这与他们对你个人的看法毫无关系。只要你讲明白自己要讲的东西，就算他们不喜欢你，那又有什么关系？你已经做了你该做的事。”

朋友的话改变了我演讲前的紧张情绪。现在，我在发表演讲之前，都会事先静心祷告：“上帝啊，求您帮助我传达对听众有益的信息，让他们有所获益，满载而归。”不得不承认，这样的祷告对我十分有用，而我也确实希望能帮助到台下的听众。这样的祷告让我谦卑地认识到自己只是在传达某些信息，而不是要表现自己的学问或个人魅力。我希望我的思想能够鼓舞听众，帮助他们应对生活中的一些问题。

注重给予，而不是获得，是赢得友谊的最佳方法。当然，这应该是用真诚去争取，而不是靠一时的吸引或哄骗。我们通常所说的赢得友谊的能力，并非简单地指勾肩搭背、与人攀谈、动作

滑稽或讲些逗趣的笑话等，而是一种心境、一种为人处世的态度或是一种乐于奉献自己的爱、兴趣、注意力及服务精神的愿望。

听起来是不是很像牧师的讲道内容？确实，我们的文明愈是进步，就愈可发现早在几千年前的宗教信仰里便已详细说明过这些事实。

休斯曼曾著有《来自史洛夏普的少年》一书，算得上是英国杰出的知识分子。他是一个教师，同时又是诗人、评论家和演讲家，他向来厌恶教条主义和所谓的“宗教传说”。不过，他有一次在演讲中提到：“我认为人类史上最有深度的一句话是：‘那些想挽救生命的人，往往会失去生命；而那些失去生命的人——对我来说，其实是挽救了生命。’”

休斯曼讲的是有关艺术、美学的精神，强调创造性艺术家应该注重创作本身，而不是创作所可能得到的报酬。

上面的一席话，不但适用于艺术的理论，同样适用于事业、友谊、对人类的方方面面。我们必须把最重要的事情摆在首位，比如，要想获得爱情，首先要值得被爱；要想赢得友谊，首先要表示友善；要想赢得别人的兴趣，首先要对别人感兴趣——从来没有什么一劳永逸的事情。

当然，为了赢得爱情和友谊，我们必须明白“施比受更有福”，然后用实际行动去表现这种认知。我们不能只是把金矿藏在内心，黄金必须使用才能显示其价值。

生活中，夫妻之间的深情厚谊虽然不必常常用言语表达出来，但是，假如我们从来不用其他方法来表示，这种感情便可能因失去滋养而枯萎。所以，我们常常听到很多女性说，当她们的丈夫因为一些小事向她们表示感谢的时候，她们有多么的高兴！

爱是人类能够进步的基础，也是我们与他人交往的桥梁，更是衡量一个人成熟与否的依据。我们必须能够做到感同身受，能够体会到“人饥己饥，人溺己溺”。这便是“同情心”，是我们与他人“同在”的一种感觉。同情心将让你对兄弟情谊有真正的体会，也是人与人之间“四海一家”的感情联系。要想与他人维持成熟的人际关系，同情心可说是一种必备的感受能力。

所以，对于希望自己不断成熟的人，最应该遵守的第七个原则是：

要想让别人喜欢你，首先得使自己值得被别人喜欢。

第三章　学会支配你的工作和金钱

◎ 不要把工作仅仅当成谋生的工具。

◎ 一个人生活上的快乐，应该来自尽可能减少对外在事物的依赖。

◎ 如果你一直觉得不满，那么即使你拥有了整个世界，也会觉得伤心。

◎ 知道如何处理自己的金钱，就能够带给家庭更多的安宁、幸福与好处。

◎ 别小处过分节省，大处铺张浪费；为了省一滴油钱，却断送了一艘轮船。

◎ 钱是赚来的，更是攒出来的。

做好一生中的两个重大决定

（此文是为那些尚未找到理想工作的青年男女写的。如果你正处于这种情况，阅读此文后会对你日后的生活产生很大的影响。）

如果你的年龄在 18 岁以下，那么你可能即将面临人生中最重要的两个决定——这两个决定将深深地改变你的一生；这两个决定对你的幸福、收入、健康可能产生深远的影响；这两个决定可能造就你，也可能毁灭你。

这两个重大决定是什么呢？

第一，你打算如何谋生？你将做一名农夫、邮递员、化学家、森林管理员、速记员、兽医、大学教授，还是摆一个汉堡摊子？

第二，你将选择谁做你孩子的父亲或母亲？

这两个重大决定，有时就像是赌博。哈利·爱默生·福斯迪克在其著作《透视的力量》中说："每个小男孩在选择如何度过一个假期时，都是赌徒。他必须以他的日子作赌注。"

那么，如何才能降低选择假期时的风险呢？下面我将尽可能地帮助你。首先，尽量试着寻找一份自己喜欢的工作。有一次，我请教轮胎制造商古里奇公司的董事长大卫·古里奇，问他成功的第一要素是什么。他回答说："喜爱你的工作。当你喜欢自己所从事的工作时，即使工作很长时间，也不会觉得厌烦，而会觉得是在做游戏。"

爱迪生就是一个绝佳的典范。这位从来没有进入学校接受正规教育的报童，后来却完全改变了美国的工业生活。他几乎每天都在实验室里辛苦工作 18 个小时，在那里吃饭、睡觉，但他丝毫不觉得辛苦，"我一生中从未工作，我把它当成一种乐趣"他宣称，"我每天都快乐无比。"

难怪他会成功。

美国钢铁公司总经理查理斯·施瓦伯也说过类似的话，他说："一个人如果从事他所无限热爱的工作，最终都可以成功。"

但是，假如你对自己想要从事的工作毫无概念，又怎么可能对工作产生热情呢？艾德娜·卡尔是美国家庭产品公司工业关系部的副总经理，她曾为杜邦公司雇请过几千名员工。她说："这个世界上最大的悲剧，无异于许许多多的年轻人从不知道自己真正想要做什么。我认为，如果一个人在工作中除了薪水之外什么也没有得到，是十分可悲的事情。"

事实上，选择合适的工作甚至关系到我们的身体健康。在几家保险公司所做的一项研究人们长寿原因的调查中，琼斯·霍普金斯医院的雷蒙·皮尔医生把"合适的工作"摆在首位。这正符合卡莱尔的名言："祝福那些找到心爱工作的人，他们无须再祈求别的幸福。”

最近，我和柯哥尼石油公司的人事经理保罗·波恩顿畅谈了一个晚上。过去 20 年，他至少面试了 7.5 万个求职者，并出版了《谋职的六种方法》一书。我问他：“现在的年轻人求职时，最容易犯的错误是什么？”“他们不知道自己想干些什么，”他说，“这真叫人难以置信，一个人花在选购一件穿几年就会破损的衣服上的心思，竟远比选择一份关系未来命运的工作要多得多——而他将来的全部幸福和安宁都建立在这份工作上。”

如何解决这个难题呢？你可以求助于一个叫作“职业指导”的新行业。它也许可以成就你，也许会损害你——这完全取决于你所找的那位辅导员的能力和个性。这个新行业距离完美的境界还十分遥远，甚至连起步都谈不上，但其前景甚为美好。我们该如何利用这个新科学呢？你可以在自己的住处附近找到这类机构，然后接受职业测验，并获得职业指导。

不过，他们只能提供建议，最终做决定的还是你自己。记住，这些辅导员并非绝对可靠，他们之间常常发生意见分歧，他们有时也会犯下荒谬的错误。例如，一个职业辅导员曾经建议我的一位学员去做一名作家，仅仅因为她掌握了大量的词汇。多么荒谬可笑！做一名作家并没有那么简单，优秀的作品是将你的思想和感情传达给你的读者——要想达到这个目的，不仅需要丰富的词汇，更需要思想、经验、说服力和热情。建议这位拥有丰富词汇的女孩当作家的职业辅导员，实际上只完成了一件事：把一位出色的速记员变成一位沮丧的准作家。

在此我想说明一点，职业指导专家——即使是我和你，也并非绝对可靠。你也许应该多找几个辅导员，然后凭常识判断他们的意见是否正确。

你也许会觉得奇怪，为什么我总是说一些令人担心的话。但是，如果你知道很多人因为最开始不重视选择工作而导致忧虑、悔恨和沮丧，就不会觉得奇怪了。对此你可以问问你的父亲、邻居或是你的老板。约翰·史都华·米勒说："工人不能适应工作是这个社会最大的损失之一。"是的，"产业工人"是这个世界上最不快乐的人之一，他们憎恨自己的日常工作。

你知道在陆军中哪种人容易"崩溃"吗？他们就是被分派到错误岗位的人！这里说的不是在战斗中受伤的人，而是在普通任务中精神崩溃的人。威廉·孟宁吉博士是当代最伟大的精神病专家之一，他在第二次世界大战期间主管陆军精神病治疗部门。他说："我们在军中发现挑选和安置的重要性，也就是说要让适当的人去从事一项适当的工作……最重要的是，要让一个人相信他的工作的重要性。当一个人对自己的工作没有兴趣时，他会觉得他是被安排在一个错误的职位上，觉得自己怀才不遇，不受欣赏和重视。在这种情况下，他即使没有患上精神病，也会埋下精神病的种子。"

是的，由于同样的原因，一个人也会在工商企业中"精神崩溃"。如果他轻视自己的工作和事业，他同样可以把它搞砸了。在这方面，菲尔·约翰逊的经历就是一个典型的案例。

菲尔·约翰逊的父亲开了一家洗衣店，他把儿子叫到店里工作，并希望他将来接管这家洗衣店。然而，菲尔对洗衣店的工作毫无兴趣，因此做事有点懒散消极，敷衍了事，对店里的其他事情也从不操心。有时，他甚至不来上班。他的父亲十分难过，觉得儿子胸无大志，不求上进，让他在员工前面很没面子。

有一天，菲尔对父亲说，他想去机械厂当一名工人。什么？一切从头开始？他的父亲非常吃惊，但菲尔却很坚持。最后，他还是穿上了油腻的粗布工作服，干着比洗衣店更辛苦的工作，而且工作时间更长，但他却十分快乐，甚至常常不自觉地吹起口哨。他选修了工程学课程，研究引擎，安装各种机械。当他于1944年去世时，已然是波音飞机公司的总裁，并且研制出了“空中飞行堡垒”轰炸机，帮助盟军赢得了第二次世界大战的胜利。假如他选择留在洗衣店，那么他和洗衣店——尤其是他父亲去世后——会变成什么样子呢？他很可能会毁了这家洗衣店。

所以，哪怕会引起家庭矛盾，我仍然想劝告年轻人，千万不要因为你的家人想要你做什么而勉强自己选择一个行业。除非你真的喜欢，否则不要贸然从事某一行业。当然，父母的建议仍然值得你仔细考虑。他们比你年长，有着丰富的人生经验。不过，最后你还是需要自己作出决定。因为将来面对工作，快乐或悲哀的都是你自己。

下面是我的一些建议，其中有一些是警告，以便你选择工作时参考。

1. 阅读并研究下列有关选择职业的建议。这些建议来自于最权威人士，由美国最成功的职业指导专家、哥伦比亚大学的基森教授所拟定。

（1）假如有人告诉你，他有一套神奇的方法，可以找出你的“职业倾向”，千万不要找他。这些人包括摸骨家、星相家、“个性分析家”、笔迹分析家。他们的方法并不灵验。

（2）不要听信那些说他们可以给你做一番测验，然后指出你该选择哪一种职业的人。这种人已经从根本上违背职业辅导员的基本原则。职业辅导员必须考虑被辅导人的健康、社会、经济等各种情况，同时还应该提供就业机会的具体资料。

（3）找一位拥有丰富的职业资料藏书的职业辅导员，并在辅导期间充分利用这些资料和书籍。

（4）完整的就业辅导服务通常需要面谈两次以上。

（5）绝对不要接受函授就业辅导。

2. 避免选择那些原已拥挤不堪、竞争激烈的职业和行业。在美国，谋生的方法有两万多种。想想看，两万多！但大部分年轻人并不知道这一点。于是，在一所学校里，2/3 的男孩选择了 5 种职业——两万种职业中的 5 种；而 4/5 的女孩也是一样。难怪少数行业和职业会人满为患，难怪白领阶层会缺乏安全感、忧虑，及患上“焦急性精神病”。值得提醒的是，如果你要进入法律、新闻、广播、电影以及“光荣职业”等这些已经人满为患的行业，必须下一番大功夫。

3. 避免选择那些成功的机会只有 1/10 的行业，比如推销人寿保险。每年有数以千计的人——经常是失业者——事先没有了解清楚，便开始推销人寿保险。根据费城房地产信托大厦的弗兰克林・比特格先生的叙述，我们可以对这一行业的真实情形略窥一斑。过去 20 年来，比特格先生一直是美国最杰出、最成功的人寿保险推销员之一。他指出，90% 的推销员在首次推销人寿保险时被弄得又伤心又沮丧，结果在一年内纷纷放弃。至于留下来的 10 个人，只有一个人可以卖出这 10 个人销售总数的 90%，而另外 9 个人只能卖出 10% 的保险。也就是说，如果你推销人寿保险，你在一年内放弃而退出的机会比例为9：1，留下来的机会只有1/10。即使你留下来了，成功的机会也只有10%而已，否则你仅能勉强糊口。

4. 当你决定从事某一项职业之前，不妨先花几个礼拜的时间，对这项工作进行全面的了解。应该如何做呢？你可以求助于那些已经在这一行业中干过10年、20年或30年的人。这些交谈可能会对你的将来产生极为深远的影响。我在二十几岁时曾向两位老先生求教，可以说，那两次会谈成了我人生中的转折点。事实上，如果没有那两次会谈，我真不敢想象我的人生将会变成什么样子。

如果你很害羞，不敢单独去拜见“大人物”，和他们面谈，下面的两个建议可以帮助你。

（1）找一个同龄的小伙子一起去。你们可以彼此增强对方的信心。如果找不到同龄的人，你可以请求你的父亲和你一起去。

（2）当你向某人请教时，等于是在恭维他。他会感觉自己受到了奉承。记住，成功人士一向喜欢向年轻人提出忠告。

如果你不愿写信要求见面，那么不必约定，直接到对方的办公室去，对他说，如果他能向你提供一些指导，你将万分感激。

假设你拜访了5位会计师，而他们都因为太过忙碌而没有时间接见你（这种情形不多），那么，你就再去拜访另外5个。他们之中总有人会接见你，向你提出宝贵的意见，这些意见也许可以避免你走弯路。

你应该记住，你是在做人生中最重要且影响最为深远的两项决定中的一项。因此，在采取行动之前，有必要多花点时间探求事实的真相，否则，你在下半辈子可能会后悔不已。

如果能力许可，你可以付钱给对方，报答他半个小时的时间和忠告。

5. 克服“你只适合一项职业”的错误观念！一个人通常可以在多项职业上获得成功，当然，他也可能在多项职业上遭遇失败。比如我自己，我相信自己在农艺、水果种植、科学农业、医药、销售、广告、报纸编辑、教学等方面获得成功的概率，远比自己在会计、工程、旅馆经营、建筑、机械及其他几百项职业上要大得多。

所以，要学会支配你的工作和金钱，第一个原则是：

做好一生中的两个重大决定：第一，你打算如何谋生？第二，你将选择谁做你孩子的父亲或母亲？

工作是生命之律

伟大的罗马帝国，本是由许多充满活力的农夫、商人、思想家和实践家建立起来的，后来却因腐败和颓废的风气而崩溃——许多人游手好闲、不事生产，农、工、商的各种活动，都减少了许多——最后终于落入他人手中。

罗马帝国衰亡后，西方世界兴起了一股小小的新势力。一群被称为基督徒的宗教信仰者，他们来自民间——如技术工人、小企业家，甚至奴隶——都是工作勤奋的人。

对我来说，基督教的创始人是个木匠之子，这一点并不足为奇。而他最初的几个门徒，也都是勤奋工作的人——如渔夫、税吏等。此外，《圣经》的伟大作者之一保罗，也是个制造营帐的工人。

下面是汤姆斯·科林先生的研究。科林先生是芝加哥《每日新闻》的专栏编辑，也是《黄金年华》一书的作者。他认为强制退休的规定“十分残忍”，他说：

“7 年来，我采访了无数年届或刚逾 65 岁的工作者。根据我的观察，强制退休的规定十分残忍。假如同样的情形发生在狗或马的身上，相信它们必定无法忍受。至少马在退休之后，还能随时奔跑到草原上嚼食青草，而狗也是被喂养到老死为止。

“但是，人的情形并不只是生计问题……这同时也伤害了这些人对自己能力的信心，更伤害了他们的尊严。

“对于一个人来说，因年老而变得无用是极为可怕的现实，连天使都无能为力。一个人被剥夺工作的权利和收入，甚至自尊，只因他已年届65——这不是很残酷吗?”

那么，人们为什么不联合起来反对这样的不合理规定呢？根据印第安纳州的调查，有90%的工作者表示不愿在65岁的时候被强迫退休。在某些大工厂中，这一比例更是高达96%。

有些企业与产业对雇请高龄工作人员的态度也开始发生了改变。这方面的研究权威朱丽叶特·亚瑟女士表示：“根据1950年的人口普查结果显示，许多年过75岁的人仍然继续工作，其中不少是自己当老板。”

如果我们把工作当作谋生的工具，必须等到退休或死亡才能告一段落，则无疑剥夺了生为人类所能拥有的最大满足感。工作本身是件极好的事情，不仅有益于健康，而且能影响一个人的气质。因此，工作是我们生命中是极为重要的部分。

所有的工作都具有服务性质。无论是烹饪、拖地、装配零件，还是跳舞，其主要目的都是为了使生活更美好、更舒适、更快乐。因此，工作本身极富创意性。假如我们想从工作中获得快乐或好处，都得重视这个富有创意性的目的。

英国著名电影制作人兰克先生说：“许多人常常忘记‘为什

么'会有某个行业。一个制造座椅的工厂，不仅仅是为了生产座椅和获取利润，其主要任务是制造出人人都喜欢坐的椅子。假如从事这一行业的人忘了自己工作的任务或目的，那么，他终有一天会发现——别人不但把他制造的椅子拿出去扔掉，连他想要的利润也不翼而飞了。”

许多医师常常散播这样的观念——过度工作会伤害人的身体，而休息则有益于人体的健康。但是，也有不少医师持不同的看法。英国伯明翰大学医学院的阿诺德教授认为，过多的休息其实对人体有害。他指出：“至今还没有什么证据可以证明工作会影响人体组织——辛劳的工作，只要不具有危险性，不影响睡眠或营养等——都不会伤害人体健康。相反的，它对人大有帮助。”

事实上，工作似乎是延缓人体老化的一个重要因素。最近，德国人脑研究协会的佛特博士在国际会议的报告中指出，脑细胞的运动确实可以延缓人的老化过程。就算过度工作，也不会伤害身体，反而能减缓身体的老化作用。根据佛特博士对一般成人大脑神经细胞的研究显示，这些脑神经细胞的确随着年龄的增长而逐渐退化。他研究了两名年龄分别为 90 岁和 100 岁的女性——这两名女性的性格都十分活跃，因此脑神经细胞都比实际岁数显得年轻。

换句话说，我们对工作的态度，大部分取决于将其视为苦差事还是能够满足心灵需要的活动。

许多人埋怨现代工业文明扼杀了工作的创造性，使工作变得毫无尊严，就像只是机械中的小零件而已。这些人每天不停地重复某些动作，完全不了解整个工作的进行过程和意义，因此很难在工作中获得成就感，更不会以自己的工作为荣。

“此外，在我们收集的其他资料中，都没有证据可以证明过度工作会加速人脑细胞的老化作用。”佛特博士说。

有一个令人震惊的事实是，全美所有医院里的病床，如今有一半以上是被精神病患者所占据——这比癌症患者、心脏病患者、麻痹症患者及所有其他病症的患者总和还要多——这显示我们的社会在某些方面出了问题，并不是单纯的工作过度而已。

今天，我们享有全世界最高的生活水准。许多科技上的发明，使我们得以免去许多苦差事——这在我们的祖辈那个年代都是无法想象的事情。我们的工作环境一直都在改善，许多不需要什么特别技能的职业也是如此。工人的工作时间减少了，机器取代了大部分劳力，我们的休闲时间也因此增加了许多。面对这种情形，我们怎可再埋怨自己工作过度？

埃德蒙·伯克曾经说过：“不要绝望，但假如你真的觉得绝望，那就继续工作。”埃德蒙·伯克并非只会空谈的理论家，他也是过来人，曾遭遇丧子之痛。他通过研究，得到了一个苦涩的信念，认为人类文明业已消失。因此，他认为在这个疯狂的世界里，工作是使人保持神志清醒的一种方法——因此，他不停地工作，甚至在最绝望的时刻也不停止。

是的，工作是生命之律。假如我们被剥夺了工作权，无论出于什么理由，我们都会感到十分痛苦。许多治疗机构都采用工作治疗法，比如精神病院、监狱、疗养院以及其他被隔离起来的地方。一般人认为，一个人一旦退休，便开始走向死亡。这话虽然残酷，却是事实。人一旦从各种活动中退出，从忙碌而有意义的生活进入无目标的“纯消遣”生活，便会使原有的旺盛精力熄灭，从而导致身体抵抗力下降，迅速走向死亡。假如你想在退休后仍然享受快乐的生活，最好用别的工作来取代原有的忙碌生活。

根据自己的亲身经验，我在这方面可以说几句话。几年前，我在一家大公司担任打字员，主要的工作就是打字——一大堆的财务报告，日复一日，月复一月，好像永远也做不完。这个工作最重视的是正确性，其次是速度。这做起来并不容易，而且单调无聊，因此我并不喜欢这份工作。

但是，说实话，当我把这份工作做得近乎完美的时候，心里还是颇引以为荣的。因为它虽然枯燥呆板，却需要耐心细致，因此在达到规定的标准后，确实能让人产生一种满足感。这一工作在整个公司的运作过程中显然十分渺小，但它对我的个性成长却十分有益，使我在处理每件小事时都能力求正确、完美。

切斯特顿有句十分动人的隽语："要想不再当秘书的最佳方法，便是尽量把现任的秘书职务做好。"

不幸的是，大部分人虽然拥有健康的眼睛，却对周遭的环境视而不见。住在得克萨斯州的丽达·约翰逊太太，以其亲身经历告诉我们如何通过勤奋工作来解除精神上的危机。

1941年，约翰逊夫妇带着两个孩子搬到新墨西哥一处约有360英亩的农庄里。根据约翰逊太太记载：

"没想到那个农庄其实是个大蛇坑，住着许多可怕的响尾蛇，我们被吓坏了。

"当时我们的农舍还没有水电和瓦斯，但我倒没有担心这些不便，我日夜所忧虑的是那些可怕的响尾蛇。万一哪天家人被蛇咬了，该怎么办呢？我夜里经常梦见孩子遭到不幸，白天也一直担心在田里工作的丈夫。只要有片刻不见家人的踪影，我就紧张不已。

“这种持续的恐惧，使我的精神近乎崩溃。如果我没有开始勤奋工作，恐怕早就支撑不住了。我把玉米粒抠下来播种，直到双手起茧为止；我为小孩缝制衣服，把多出来的食物装罐储存起来——我不停地工作，直到疲惫地倒在床上。这样一来，我便没有精力去担忧其他事情了。

“一年之后，我们搬离了那个农庄，全家大小都安然无恙，没有人被蛇咬过。尽管那以后我不再那么辛劳地工作，但我一直为那段时间的境遇感谢上帝。那一年，辛劳的工作确实让我重拾了理智。”

正如约翰逊太太的亲身经历一样，我们若能从困境中体会出辛勤工作所产生的力量，往后若再遭遇危机，便有坚利的武器可以自我防卫。工作通常可以支持我们渡过难关、危机，克服不幸或失去所爱之人的痛苦等。

从来没有哪个心理学或生理学上的理论，可以证明人在65岁时会失去工作能力。衰弱或无能可以发生在任何年纪，而对不同的人来说，发生的时间也可能各不相同——假如我们不经常使用双手，双手便不会那么灵巧；假如我们不经常使用大脑，大脑也会很快衰退。而且，勤奋工作并不会伤害你的身体，只有忧虑和紧张才会。

在今天这个人人都力争上游、处处充满竞争压力的工作环境里，许多事业有成的公司高级主管，往往在50多岁的壮年时期便遽然而逝——一般人会认为这是勤奋工作的结果，其实不然。这样的不幸，并不仅仅源于身体劳力的支出，而是由于工作环境的压力和紧张，导致当事人产生过度忧虑、害怕竞争、担心失败等种种情绪问题，进而发生失眠、劳累等现象所致。为了逃避这些压力，当事人往往会试图借助酒精、安眠药、兴奋剂或某些过度的体能活动来解决问题。但这些显然都不是真正的解决方法，相反，他的身体和整个神经系统会因长期的不当待遇而崩溃，最后可能导致死亡。

对于成熟的人来说，工作是一件极有乐趣的事，年轻人对此大概很难想象。工作，无论是用手还是大脑，都是使我们继续成长，不致衰老的最好方法。这是神奇而绝妙的大自然之律。

所以，要学会支配你的工作和金钱，第二个原则是：

不要把工作仅仅当成谋生的工具。

管理金钱的 11 条规则

假如我懂得如何解决每个人的财务烦恼，我就不会写这本书，而是安坐在白宫里——坐在总统身旁。但我可以在此提供一些小贡献：我将引述各方面领域的专家的权威看法，并提出一些切实可行的建议，提示你可以从什么地方获得书籍和小册子，以便得到额外的指导。

根据《妇女家庭月刊》的一项调查，人们 70% 的烦恼都与金钱有关。盖洛普民意测验协会的主席乔治·盖洛普说，根据他的研究，大部分人都相信，只要他们的收入增加 10%，就不会再有任何财务上的困难。很多时候确实如此，但也并不尽然。当我写这本书时，曾请教过预算专家艾尔西·斯塔普里顿女士。她曾担任华纳梅克和吉姆贝尔百货公司的财政顾问多年。她曾以个人指导员的身份帮助那些被金钱烦恼或拖累的人。她帮助过各个阶层的人，从一年赚不到 1000 美元的行李搬运工到年薪 10 万美元的公司经理。她说："对大多数人来说，多赚一点钱并不能解决他们的财务烦恼。"事实上，我经常看到，他们的收入增加以后，对原来的烦恼并没有什么帮助，反而会徒然增加开支——也增加头痛。“令多数人感到烦恼的，”她说，“并不是他们没有足够的钱，而是他们不知道如何支配手里的金钱!”——你对最后那句话表示不值一听，是吗?

好吧，在你嗤之以鼻之前，请记住，斯塔普里顿并没有说“所有人”，而是说“大多数人”。她并不是指你，她指的可能是你的兄弟姐妹，他们的人数可多了。

很多读者可能会说：“我希望作者自己来试试看：拿我的月薪付我的账款，维持我应有的开支。只要他来试一试，我保证他会知道我的困难，不再空口说大话。”其实，我也有过我的财务困难：在密苏里州的玉米田和粮仓，我曾经干过每天 10 个小时的劳力工作。我兢兢业业地工作，直至腰酸背痛。我当时所做的那些活计，并不是一小时一美元的工资，也不是 5 毛钱，也不是 10 分钱，而是每小时 5 分钱，每天工作 10 个小时。

我知道长达 20 年住在一间没有浴室、没有自来水的房子里是什么滋味。我知道睡在一间华氏零下 15 度的卧室里是什么滋味。我知道徒步数里以节省一毛钱，以及鞋底穿洞、裤子打补丁的滋味。

我也知道在餐厅里只能点最便宜的菜，以及把裤子压在床垫下的滋味——因为我没钱把它们拿到洗衣店去洗。然而，在那段时间里，我仍设法从收入中省下一些钱，因为如果我不那么做，心里就不安。

根据这段经验，我了解到，假如我们希望不受金钱的困扰，免于负债，我们必须和一些公司一样，拟定一个花钱的计划，然后根据这个计划来花钱。可惜，大多数人都不会这样做。比如我的好朋友里昂 · 西蒙金便指出，人们在处理金钱事务时会表现得意外的盲目。他所认识的一位会计员，在公司工作时对数字精明得很，但在处理个人财务时，他常常毫不犹豫地将某件东西买下来，从不考虑房租、电费，以及所有各项杂费都需要用这个薪水来支付。不过，这个人心里十分清楚，如果他所服务的公司以这种贪图眼前享受的方式来经营，迟早会破产。

你必须明白，当牵涉到你的金钱时，你就等于是在为自己经营事业。而你如何处理自己的金钱，实际上也确实是你自己的事情，别人无法帮忙。

那么，什么是管理金钱的原则呢？我们如何展开预算和计划？以下有11条规则：

1. 把事实记在纸上

亚诺·班尼特50年前来到伦敦，立志做一名小说家。当时他穷困潦倒，生活压力非常大，所以，他把每一便士的用途都记录下来。他难道想知道他的钱是怎么花掉的？不是，他对此心里有数。他十分欣赏这个方法，直到他成为世界闻名的作家、富翁，拥有一艘私人游艇后，他仍然保持这个习惯。

约翰·洛克菲勒也有这种习惯。每天晚上祷告之前，他总要记下每一便士的用途，然后才上床睡觉。

你我都必须去弄个本子来，开始记录。记录一辈子？不，不需要。预算专家建议我们，至少在最初一个月要把我们所花的每一分钱做个准确的记录——如果可以的话，可以记录3个月。这只是为了给我们提供一个准确的记录，使我们知道钱花在什么地方，然后据此做一个预算。

你知道你的钱花到哪儿去了？就算你真的知道，1000 个人当中，只能找到一个像你这样的人。斯塔普里顿女士说，通常人们在花费几个小时详细记录自己的开支后，他们会惊讶地大叫："天啊，我的钱就是这样花掉了？"他们有点不敢相信自己的眼睛。你是否也这样呢？很有可能。

2. 拟出一个真正适合你的预算

斯塔普里顿女士告诉我，假设有两个家庭比邻而居，住同样的房子，家庭人口一样，收入也一样——然而，他们的预算需要却可能截然不同。为什么？因为人的性格各不相同。她说，预算必须按照每个人的实际需要来拟定。

预算的意义，并不是要把所有的乐趣从生活中抹杀掉。它真正的意义在于给我们带来物质的安全感，并免于忧虑。"按照预算来生活的人，"斯塔普里顿女士说，"一般比较快乐。"

那么应该怎么进行呢？首先，你必须把所有的开支列到一张表格里，然后询求指导。你可以写信到华盛顿的美国农业部，索取这一类的小册子。在某些大城市——主要的银行都有专家顾问，他们会乐于和你讨论你的财务问题，并帮你量身定做预算方案。

在讨论这一题目的小册子中，我见过的最好的一本名叫《家庭金钱管理》，由家庭财务公司发行。顺便提一下，这家公司出版了一整套的小册子，讨论了许多预算上的基本问题，如房租、食物、衣服、健康、家庭装饰和其他各项问题。你可以向该公司索取。

3. 学习如何聪明地花钱

我的意思是，学习如何使你的金钱体现出最高价值。所有大公司都设有专门的采购人员，他们的职责就是设法为公司买到最合理的东西。身为你个人产业的主人，你为何不这样呢？

4. 不要因收入而增加烦恼

斯塔普里顿女士告诉我，她最怕的就是被请去为年薪5000美元的家庭拟定预算。“因为，”她说，“每年收入5000美元，似乎是大多数美国家庭的目标。他们可能经过多年的艰苦奋斗才达到这一标准——然后，当他们的收入达到每年5000美元时，他们认为已经‘成功’了。于是开始大事扩张，在郊区买栋房子——认为只不过和租房子花一样多的钱而已。买部新车，添置新家具和新衣服——等他们发觉收入的增加给他们带来的变化时，已进入了赤字阶段。他们实际上比以前更不快乐，因为他们把增加的收入都花光了。”

这是很自然的。我们都希望获得更多的生活享受，但从长远来看，到底哪一种方式会带给我们更多的幸福——强迫自己在预算之内生活，或是让催账单塞满你的信箱，以及让债主猛敲你的大门？

5. 如果你必须借贷，设法争取银行贷款

假设你现在没有保险，也没有任何有价债券，但是你有房有车或者有其他的担保物，那么你可以到哪里去借钱呢？最好是向银行借。所有银行都有严格的规范，也有信誉，利率也由法律严格限定，并且保证公平交易。所以，当你遇到困难时，银行会与你商讨对策，制订计划，帮助你摆脱财务困境，克服忧虑。在此我再次强调一下，如果你拥有担保物，可以去向银行贷款。

6. 投保医药、火灾以及紧急开销的保险

对于各种意外、不幸及可以意料的紧急事件，都有小额保险可供投保。我并不是建议你把从澡盆里滑倒到染上德国麻疹的所有事都投一份保险，但我郑重建议你不妨为自己投保一些主要的意外险，否则，万一出了事，不说花钱，也很令人烦恼，而这些保险的费用都很便宜。

举个例子，我知道有位女士去年在医院住了 10 天，出院后，她收到了账单——只有 8 美元。这是怎么回事？因为她有医药保险。

7. 不要让保险公司以现金方式将你的人寿保险付给你的受益人

如果你投保人寿是为了在你死后能照顾家人，那么我建议你绝对不要让保险公司一次性将大批现金支付给你的受益人。

“拥有许多钞票的新寡妇”将会如何？下面我们来看纽约市人寿保险研究所妇女组主任玛丽昂·艾伯利是如何解答这一问题的。在全美各地妇女俱乐部的演讲中，玛丽昂·艾伯利指出了不让寡妇领取人寿保险金而改为领取终身收入的好处。她提到一位领取两万人寿保险现金的寡妇，将钱借给儿子开创汽车零件事业，结果事业失败了，现在她穷困潦倒，衣食无着。她还提到另一位寡妇，被一位油腔滑调的房地产经纪人所欺骗，把她的大部分人寿保险金用来购买一些“保证在一年之内增值一倍”的空地。3 年之后，这位寡妇把土地卖掉，只拿回了最初投资的 1/10。她又提到一位寡妇，在领取 15000 美元人寿保险金一年后，便不得不向儿童福利协会申请补助款抚养自己的子女。类似的悲剧数以千计，不胜枚举。

“25000 美元在妇女手中，平均不到 7 年就全部花光。”这是《纽约时报》经济编辑施维亚 · 波特在《妇女家庭月刊》中指出的。

多年前，《星期六晚邮》在其社论中说：“众人皆知，由于普通妇女多半未受过商业训练，又没有银行替她们拿主意，因此她们很可能在第一个狡猾的掮客向她们进行游说后，就贸然把丈夫的人寿保险金拿去购买不稳定的股票。任何一位律师或银行家都可以举出许多类似的例子：节俭的丈夫多年省吃俭用存下来的钱，只因为他的遗孀或儿女相信某位靠骗女人为生的骗子，而转眼便将其全部花光。”

如果你想在死后保障妻子儿女的生活，何不向 J. P. 摩根学习？他是当代最伟大的金融专家之一。他把遗产分赠给 16 位法定继承人，其中 12 位都是女性。他留给她们的是现金吗？不，是有价证券，从而使这些女性每个月都可以得到固定的生活补贴。

在你买保险之前，建议你读两本有益的小册子，即《如何买保险》和《买你自己的保险》。它们已经绝版，但也许可以在公立图书馆借到。

8. 教导子女养成对金钱负责的态度

我永远不会忘记我在《你的生活》杂志上读到的一篇文章。作者史蒂拉 · 威斯顿 · 图特叙述她如何教导她的小女儿养成对金钱的责任感。她从银行里要了一本特殊储金簿，交给 9 岁的女儿。每当小女儿得到每周的零用钱时，就把钱“存进”那本储金簿中，母亲则自任银行。然后，在那个礼拜之中，每当小女儿需要用钱时，就从账簿中“提出”，把余款结存详细记录下来。在这个过程中，小女孩不仅得到了很多乐趣，而且养成了对金钱的责任感。

这真是个好办法。如果你有个读高中的儿子或女儿，而你希望他们学习如何处理金钱，我在此郑重向你推荐一本书。事实上，“必须”读一读这本书。这本书的书名为《处理你的金钱》，对十几岁的学生如何花钱有着很精辟、实用的见解——从理发到可乐，无所不包。同时，书中也提及如何准备预算，帮助他们念完大学。事实上，如果我有一位读高中的儿子，我一定会让他读读这本书，然后让他利用本书帮我拟定家庭预算。

9. 如果你是家庭主妇，也许可以在家中赚一点外快

当你拟好开支预算后，如果发现仍然无法弥补开支，这时你有两种选择：你可以咒骂、发愁、担心、抱怨，或者你可以赚一点额外的钱。怎么做呢？要想赚钱，只需找到人们目前最需要并且供应不足的东西。

住在纽约杰克森山庄的纳莉·斯皮尔夫人就是这么做的。1932 年，她独自住在一套有 3 个房间的公寓里，她的丈夫去世了，两个儿子都已结婚。有一天，她到一家餐馆的苏打水柜台购买冰淇淋，发现柜台也兼卖水果饼，但那些水果饼看起来实在令人没有胃口。于是，她问餐馆老板愿不愿向她购买一些真正的家制水果饼，结果餐馆老板向她订了两份。

“虽然我自己也是个好厨师，”斯皮尔夫人说，“但以前我们住在佐治亚州时，一直雇有女佣，我亲自烘制饼干的次数大概只有 10 多次而已。得到这 2 份订单后，我向一位邻居请教制作苹果饼的方法。结果，那家餐馆的顾客对我最初的两份水果饼赞不绝口——一块苹果饼，一块柠檬饼。第二天，餐馆又预订了5份，接着，其他餐馆也陆续来向我订货。两年之内，我已经成为每年必须烘制5000份水果饼的家庭主妇。这些工作都是我独自在自己的小厨房内完成的，我一年的收入高达10000美元，除了制作水果饼的材料，我一分钱也不乱花。”

由于家制烤饼的需求量愈来愈大，斯皮尔夫人不得不搬出厨房，租了一间店铺，并请了两个女孩来帮忙。水果饼、蛋糕、卷饼，在第二次世界大战期间，人们常常排一个多小时的队来购买她的家制食品。

“我一生中从未如此快乐过，”斯皮尔夫人说，“我一天在店里工作12~14个小时，但我从不觉得厌倦，因为对我来说，这根本不算是工作，而是生活中的奇妙体验。我只是尽自己的能力使人们更加快乐，我太过忙碌了，根本无暇忧愁或寂寞。我的工作为我弥补了自我母亲和丈夫逝世后给我留下来的空白。”

我请教斯皮尔夫人，其他烹调技术高明的家庭主妇是否也可以在闲暇时以同样的方式，在一个10000人以上的小城市里赚钱，她回答说：“可以，她们当然可以这样做。”

看看你的四周，你将会发现许多尚未达到饱和的行业。如果你是一名优秀的厨师，你也许可以开设一个烹饪培训班，就在你自己的厨房里教导一些年轻的姑娘，说不定上门求教的学生会络绎不绝。

有许多书籍教导你如何利用闲暇时间赚钱，你可以到公立图书馆借阅。不论男女，都有许多的工作机会。但我必须提出一句忠告，除非你天生具有推销的才能，否则不要尝试去挨家挨户推销。大部分人都痛恨这份工作，并以失败告终。

10. 永远不要赌博

对于那些想从赛马及吃角子机器上赢钱的人，我总是觉得很惊讶。我认识一个拥有多架这种“单手土匪”机器并依靠它们为生的人，他对那些天真得妄想打败这些早已设计好来骗他们钱的机器的傻瓜，毫不同情，甚至轻视那些人。

我也认识美国一名赌赛马的老手，他是我成人教育班上的一名学员。他说，根据他对赛马所具备的知识，他无法从赌赛马中赚到钱。然而，事实上，每年有众多的傻子在赛马中赌掉 60 亿美金——刚好是美国 1910 年全国总债务的 6 倍。这位赌赛马的老手对我说，如果他想毁灭他的敌人，再也没有比说服这位敌人去赌赛马更好的方法了。我问他，如果某人根据赛马的内幕情报来下注，结果又会如何？他回答说：“照这种方式来赌赛马，可以把美国造币厂整个输掉。”

如果我们决定赌博，至少也要学聪明一点。首先让我们找出自己的胜算。这要怎么做呢？你可以阅读一本名为《如何计算出胜算》的书，作者为奥斯华·贾柯比——桥牌及扑克的权威、最高级的统计专家，也是保险公司的统计顾问。该书共有 250 页，告诉你在赌赛马或玩轮盘、骰子、吃角子机器、扑克、桥牌、梭哈以及股票时，胜算有多少。这本书同时也告诉你，在其他各种活动中，你得胜的机会有多少，全都有数学根据，十分有用。作者并不是存心教你如何赌博，而只是想把在普通的赌博中失败的比例明明白白地告诉你。当你了解到失败的比例后，你将会怜悯那些易于受骗的人，他们把辛苦赚来的钱丢在赛马、纸牌、骰子、吃角子机器上。

11. 如果我们无法改善经济状况，不妨宽恕自己

如果我们无法改善自己的经济状况，也许可以改变自己的态度。记住，每个人都有自己的财务烦恼。我们可能因为经济情况比琼斯家差而烦恼，但琼斯家可能因为比不上理查家而烦恼，而理查家又因为跟不上范德比家而懊恼。

美国历史上最著名的人物也有他们的财务烦恼。林肯和华盛顿都必须向人借贷才能起程前往首都就任总统。

假如我们得不到自己想要的东西，最好不要让忧虑和悔恨来困扰我们的生活，且让我们原谅自己，学得豁达一点。根据古希腊哲学家爱比克泰德的说法，哲学的精华就是："一个人生活上的快乐，应该来自尽可能减少对外来事物的依赖。"罗马政治家及哲学家塞尼加也说："如果你一直觉得不满，那么即使你拥有了整个世界，也会觉得伤心。"

且让我们记住，即使我们拥有整个世界，我们一天也只能吃三餐，一次也只能睡一张床——即使是一个挖水沟的工人也可如此享受，而且他们可能比洛克菲勒吃得更津津有味，睡得更安稳。

所以，要学会支配你的工作和金钱，第三个原则是：

1. **把事实记在纸上。**
2. **拟出一个真正适合你的预算。**
3. **学习如何聪明地花钱。**
4. **不要因收入而增加烦恼。**
5. **如果你必须借贷，设法争取银行贷款。**
6. **投保医药、火灾以及紧急开销的保险。**

7. 不要让保险公司以现金方式将你的人寿保险付给你的受益人。

8. 教导子女养成对金钱负责的态度。

9. 如果你是家庭主妇，也许可以在家中赚一点外快。

10. 永远不要赌博。

11. 如果我们无法改善经济状况，不妨宽恕自己。

不要入不敷出

对于金钱，一种易赚易花、毫不在意的乐观派哲学，曾经在书本上和戏院里带给我们很多非常有趣的笑料。在《你无法把钱带在身边》一书中，我们都会取笑那位老绅士，他绝不承认个人所得税的存在，并且拒绝缴付其他相关款项。当大卫·科波菲尔要教他那年轻的妻子朵拉按照收入预计开销的时候，朵拉就撅起嘴撒娇，她是个非常可爱动人的角色。我们也喜爱著名的《与父亲一起生活》里所描写的母亲节，由于母亲每个月都把家庭预算弄得一团糟而引发了“一场战争”，但父亲在母亲节那天表现了良好的风度。狄更斯笔下浪费成性的麦考伯先生，也是文学史上最有意思的角色之一。

的确，在小说里，外表迷人与不负责任经常会同时出现在一个吸引人的角色身上。但是，在现实生活中，没有什么事情会比财务上的失误更让人失望或是讨厌。入不敷出的人无法让人喜欢——因为他是个不负责任的冒险家。头脑糊涂、奢侈浪费的妻子也不会是迷人的，而会变成缠绕在丈夫脖子上的一个重担。

如今，我们的钱所能买到的东西比 10 年前甚至至 5 年前都要少得多。女士们面对着一个不合常理的挑战，必须最大化利用手里的那些钱。物价上涨，生活水平提高，我们的孩子所需要的教育费用也越来越繁多，越来越昂贵。

很多人认为，只要收入增加一些，所有的忧虑都将烟消云散。这是一个普遍存在的错误观点。艾尔西·斯塔普里顿曾经担任华纳梅克和吉姆贝尔百货公司的财务顾问，她确信，对大部分人来说，增加一些收入只会造成更多的花费。我同意她的看法，问题的关键在于好好处理一个人的收入。她的话使我们想起小说里那些迷人的、对待金钱极其随便的人——等到我们静下心来想想她话里的含义，才发觉事实真是不容乐观。

乱花钱就等于让每个人，包括肉贩、面包商、烛台制造商，都来瓜分你的收入——除了你自己以外的每一个人。而有计划或有预算的花费，则能够保证你和你的家人从收入里得到公平合理的分享。

预算并不是一件约束行动的紧身衣，也不是毫无目标地把花掉的每一分钱都做个记录。预算是制作一张蓝图，设计一个经过预想的方法，用以帮助你将你的收入实现价值最大化。正确的预算方式，将会告诉你如何完成预定的目标：孩子们的大学教育费用，你的老年保险金，以及你梦想中的假期所必需的费用。

预算开销将会告诉你，你可以删减那些相对而言不是很重要的项目，去填补你想要的重大花费项目。

假如你从来没有做过相关的预算，应当立刻开始学习如何处理家庭财务问题。帮助丈夫获得成功的一个最重要的方法，就是要知道如何使他的收入发挥最大的功效与用处。假如他只会赚钱但不会节俭，你可以帮助他看紧一些钱包。假如他本来就很节省，你可以在用钱方面表现出相同的看法来鼓励他。

怎样才能使自己成为家庭财务方面的专家？这里有个好消息：你家附近的银行可能有一种预算方法的咨询服务，他们将会告诉你如何做一个完整细密的预算，以适应你的特殊需要和收入。

《妇女时代》杂志的经济常识对于一个家庭来说，是一个极好的范本。它告诉你怎样缝补旧衣服，如何烹调有营养而价格较低的食物，甚至告诉你怎样制作自己的家具。

不要局限于你无意中发现，或任何一种已经印制好的预算计划表。为了达到更好的效果，预算计划必须是专门为你量身定做的，它不适合任何其他人。因为没有哪个家庭的实际情况会跟你的家庭完全相同，你的经济问题就像你的脸庞和身材一样，是完全与众不同的。

以下建议可以帮助你完成你的家庭预算计划：

1. 记下每一笔花销，做到对开支情形了如指掌

除非我们知道哪里错了，否则我们就无法改变任何局面。假如我们不知道在何处删减不必要的花销，为什么要删减，以及删减什么，那么节约就是毫无意义的事情。因此，我们应该在一段时期内，记录所有的家庭开销。例如，先记录 3 个月看看。阿诺德·贝内特和洛克菲勒都是坚定的记账专家，我也一样。尽管我是以支票的方式付款，但我依然喜欢按月把自己的花费记录成一张完整的条目清晰的单子。每年一次，我把每月的花费加起来。最终呢？我能够非常准确地告诉你，某年我们在食物方面花了多少钱，燃料费、水电费、娱乐费等又各花了多少钱。我还能够通过这些记录，查看我的生活费用增加的情况。一旦你知道自己的钱都花去了哪里，就不必再做这样的记录了。但是，我非常喜欢手头有可依据的资料。假如我怀疑自己花了过多的钱去买衣服，只要看一眼记录就知道了。

我认识的一对夫妇，当他们开始记录开支情形后，非常惊讶地发现他们每月耗费大约 70 美元去买酒！实际上他们并不是酒鬼，只不过是一对热情好客的夫妇，极为欢迎他们的朋友在兴致好的时候到家里来喝两杯，这种事情经常发生。于是，他们做了一个明智的决定，认为他们不能再开“免费酒吧”了，结果那 70 美元就有了更好的用途。

2. 根据自己家庭的特殊需求，设计出符合自己的预算

首先，把你这一年中固定的开支列出来——房租、食物花费、贷款利息、水电费、教育费、交通费、交际费、旅游费等等。

这并不是一件容易的事情。它需要决心及家庭成员的配合，有时候还需要严谨的自制力。我们不可能买下所有我们想要的东西，但是我们可以决定什么东西对我们最重要，从而放弃那些不重要的东西。你愿意拥有一个舒适的家而放弃买高价的衣服吗？你愿意自己做衣服，而将节省下来的钱买一台不错的电视机吗？显然，这些决定必须由你和你的家人来做，印制好的预算表都列出了固定的百分比，对你个人的需要显然不会有什么帮助。

3. 至少存储家庭收入的 1/10

你应该给自己的家庭确定一个固定的开销。至少要把 1/10 的收入存起来，或拿去投资点什么。或许你还可以想办法建立一笔额外的资金来源，用作特殊用途，比如买房或买车。

财务专家说过，假如你能节省家庭收入的 1/10，即使物价再高，不出几年你也可以获得经济上的宽裕，而不会产生恐慌和忧虑。

我认识一个女人，她嫁给了一个固执、保守的新英格兰人。她的丈夫宁愿在中央车站广场裸奔，也不愿意放弃节约 1/10 薪水的理财计划。这位女士对我说，在经济萧条的那几年，他们吃足了苦头。她丈夫的薪水被削减得太多了。她买家庭日用品的时候，必须想尽办法节省每一分钱——她丈夫每天要步行 20 多条街，以省下公共巴士的费用。但是，节省 1/10 薪水的老习惯，依然进行着。

这位女士承认："有时候，当我们特别需要用钱的时候，我十分后悔还要把钱放在一边。但是，我现在对我们坚持了储蓄计划感到十分庆幸。节约的好处，就是使我们到中年的时候拥有了一个幸福的家和其他一些应有的享受。"

4. 准备一笔意外风险资金

多数预算专家都会劝告每一个新生家庭，至少要存下 1 ~ 3 个月的薪水，用于应付紧急事件。

不过，这些专家警告说，想要存太多钱的人，会发觉很难一蹴而就，结果根本存不下钱。与其断断续续地隔一个月才存 5 美元，倒不如每周固定地存下 2 美元，这样效果会更好。

5. 使预算计划成为全家人的事情

预算专家认为，预算计划必须得到全家人的配合。经常举行家庭预算讨论会议，往往可以消除一些情绪上的不和谐。因为人们对于金钱的看法，往往与个人的经验、素质及教育程度有关。

6. 考虑买份人寿保险

玛莉昂·史蒂芬斯·艾伯利是人寿保险协会妇女部的主管。对全国的女性来说，她所说的话基本可以代表人寿保险专家的看法，具有相当的权威性。当我拜访艾伯利女士的时候，她建议已为人妻的女性应该问问自己以下几个问题：

你知道通过人寿保险，你的家庭可以满足哪些基本需要吗？你是否知道，一次性付款与分期付款有何不同，是否各有各的好处？你是否清楚，关于付款有许多不同的选择？你是否知道，现代人寿保险具有双重的优点？假如一个男人过早离开人世，人寿保险可以保护他的家庭不会快速崩溃；假如他活着要安度晚年，人寿保险可以给他提供一份独立的基金。

这些问题以及其他更多相似的问题，对你的家庭来说尤为重要。仅仅让你的丈夫知道这些问题的答案，显然还远远不够，你也应该知道这些问题的详细解答。也许有一天你会变成寡妇，这时，有关人寿保险的知识可以帮你解除很多困难和忧虑。

贾德森和玛丽·南迪斯在他们合著的《建立成功的婚姻》一书中告诉我们，家庭收入的花费常常是婚姻生活中需要合理调节、强制适应的主要方面。

金钱并非万能，这句话确实不错。但是，假如一个人知道如何聪明地处理自己所拥有的金钱，就能够带给他的配偶和家庭更多安宁、幸福与好处。

因此，我们不必幻想自己的丈夫能够像我们本来想嫁，但是后来没嫁成的那个男人一样，带回来一大笔薪水，这只会浪费我们的时间，损耗我们的青春。假如我们想激励自己的丈夫赚更多的钱，我们的工作就是使自己变成理财好手，好好处理他赚回来的钱。

所以，要学会支配你的工作和金钱，第四个原则是：

不要入不敷出。

把钱用到最恰当的地方

不管是金钱还是日常事务，都应该遵守一个原则，那就是节约。也就是说，最大化地利用自己的时间和精力，慢慢养成一种节约的生活习惯。所谓节约，其实就是科学地管理自己的金钱和时间，明智地利用自己的所有资本。

罗斯贝利勋爵认为，节约是一个伟大的国家必须遵守的法则：

“以伟大的罗马帝国为例，它在历史上有过很多伟大的成就，一度成为世界霸主。它以节约建国，又因铺张浪费的奢侈行为而慢慢走向灭亡。又如普鲁士，它本是北欧一个狭窄的沙滩地区。正如人们所说，当地居民因为它的地形而全面武装，因为外在的所有环境都令普鲁士居民感到寒气逼人。弗里德里克在位时，曾授予普鲁士节约的称号。他以近乎吝啬的手段攫取大量金钱，建立了一支相当庞大的军队。可以说，节约是普鲁士建立强大帝国的有力武器，今天的日耳曼帝国也在效仿这一法则。再如法兰西帝国，我个人认为，最节约的帝国无疑是法兰西。当然，法兰西人是否把金钱都存进银行，像其他国家的人民那样计算自己有多少财产，这些我无从得知。然而，当法兰西在1870年瞬间为他国所击败后，不得不承担任何一个国家都无法承受的战争赔款时，发生了一件令人吃惊的事情，法兰西人民奉献出自己多年的积蓄，使得法兰西在很短的时间内便付清了所有的战争赔款。罗马与普鲁士帝国都是以节约而建国，而法兰西却是因为节约而救国。”

节约是财富的奠基石，也是很多优秀品质的根本所在。它可以极大地提升一个人的品质，也可以促进一个人其他能力的增长。作为许多方面的重要指向标，节约也代表了一个人自我控制能力的强弱，同时也证明人在面对欲望和自己的弱点时，能够主宰自己的命运，合理支配自己的金钱，而不是只做一文不名的牺牲品。

众所周知，一个懂得节约的人不会懒惰成性，有着自己的行事风格。他激情洋溢，奋力拼搏，比起铺张浪费的人更加诚实可信。

节约也是我们人生的导师。懂得节约的人善于思考问题，同时能制定适合自己的计划。他拥有完整的人生规划，也有很强的自立能力。

当你养成了节约的好习惯，说明你的自我控制能力很强，也意味着你能够主宰自己的命运，暗示你培养一些重要的人生品格，如独立、谨慎以及创造力等。也就是说，你拥有了人生的目标，你将变得不同凡响。

对于节约，一个作家评价道：“节约不需要非凡的勇气，也不需要超强的能力和本领，只需要你拥有自控能力。实际上，节约也是日常生活中的小常识。节约不一定要有很强的决心，一点耐心足已。若想养成节约的好习惯，最有效的方法就是从现在开始。自控能力强的人越是节约，越会觉得节约很容易，而他们为此所做的努力也会很快得到加倍的回报。”

所以，请一定要养成节约的好习惯。

当然，我们提倡节约，但并不赞同不恰当的节约。

索德曼曾经说过许多家喻户晓的谚语，比如“普种广收”“没有投资的回报是一种罪恶”“小处过分节省，大处铺张浪费”“为了省一滴油钱，却断送了一艘轮船”等，这些都说明不适当的节约弊大于利。

美国著名作家约翰·比林斯也说：“世上有几种不可取的节约，比如忍着剧痛求节约就是一个很好的佐证。”

我认识的富人当中正好有一位守财奴。例如，他为了节约10美分，宁愿牺牲自己大半天的时间，把半页没写过字的信纸剪下来，作为下次写信的稿纸。这种为了一点小小的节约而浪费时间的做法并不可取。然而，他在自己的事业管理上也运用了这一理论。他要求员工在包装时尽量节约绳索，并将此明文规定。实际上，节约一点绳索所浪费的时间远远大于这些绳索的实际价值，但他仍然坚持这样做。这类节约可谓得不偿失。

在现实生活中，甚少有人真正懂得节约的含义。真正的节约并非过度吝啬，像铁公鸡一样一毛不拔，而是经济、有度地节约。

我们会发现，善于节约的人与不善于节约的人有着天壤之别。不善于节约的人，常常为了节约一分钱而花去超过一分钱的价值。从来没有哪个吝啬鬼可以成就一番大业。斤斤计较的节约是得不偿失的。所以，一个想要成就一番事业的人，千万不要过分计较一分一毫的得失，而要适当有度地节约。

从广义上讲，节约是深思熟虑和判断利弊后的结果。最聪明的节约，有时也需要大尺度的浪费，比如生意谈判的交际费，是另一种投资，是一种大度的行事方式，而不是一种浪费。

通常来说，慷慨有利于形成一种雄心壮志，使人获得更多的收获，这远比把所有金钱都存进银行更有价值。所以，若想成就大事，一定要做到该慷慨时慷慨，不要因为一时的吝啬而失去大好的机会。

过度节约不会带来什么好结果，它不仅不能让一个人的事业逐步上升，反而会变成人生中的绊脚石。这就像商人不肯投入更多的金钱来经营，农夫不肯购买更多的种子来播种，都是一种不科学的节约。

有个人拆掉自己的旧房子，打算建造一座新房，然而，为了节约几百块钱，他把旧地基留下，在原有的地基上建造了比之前高好几层的房子。房子几个星期就建好了，但是，由于地基不牢，刚建造好的房子还没等到住人就倒塌了。生活中这样的人并不少见，为了节约一点木材而失去了整座森林。

过去，很多年轻人认为在教育上花费太多的金钱是不划算的，因为自己不可能成为了不起的人物，因此他们在自己的教育上投资极少。

生活中也有很多父母为了节约开支，不让子女接受高等教育，而让他们在很小的时候就出去打工，希望他们通过社会教育来抓住人生的机遇。还有一些人为了在交友上节约，忽略自己的朋友；为了在社交上节约，寻找种种理由去推辞拜访别人，也没有时间去接待客人。有时，人们会为了挣钱而省去假期，最后导致身体健康出现问题。当一个人身心疲惫时，身上的所有部位都存在很大的风险。很多人对未来充满恐惧，不敢面对眼前的一切。他们压抑自己的种种欲望，理由无非是没钱；他们甚至会放弃真正属于自己的生活。假如让他们休假几天或者出去旅游，他们会觉得这是一种莫大的损失。哪怕花一分钱，他们也要考虑半天，甚至忘了那是他们必须支付的生活开支。

世界第一次大战前，有一位商人去过很多名胜古迹，但是，因为过于吝啬，连最精彩的地方都舍不得买张门票进去看看。例如，他去过很多名人故居，在那些国家，人们也会去朝拜那些名人，但是商人从来没有进去过，觉得在外面看也是一样的。这样一来，他虽然去过很多地方，却无法深入地了解任何一个。

慷慨对于现在的年轻人也许是一种奢侈品，但是有时它也是一种很好的节约，因为有价值的人际交流是千金难求的。

一个人是否愿意花 10 元或 15 元去参加一次派对，这本身毫无问题。他也许因此花掉了 15 元，但却得到了 100 元的精神鼓励和交流价值。一个人的雄心壮志常常在那样的场合得以激发出来，因为他能够从中结交许多有涵养、博学、经验丰富的人。所以，在一个人力所能及的情况下，只要是有助于增长知识、开阔视野的投资，都是一种明智的消费选择。

当然，我并不鼓励把知识商业化，只是想提醒年轻有为者努力结交一些能够鼓励和帮助自己的人。当一个人与善于节约、激情洋溢、事业有成的人建立起一种亲密关系时，常常能够树立起远大理想，使自己的人生更为出色。所以，与成功人士交往也是一种很好的投资。假如你想要追求成功、有所作为并拥有最完美的人生，就应该把这种消费当成一笔可观的投资，这样就不会为错误的投资而烦恼，也不会被错误的消费观念所限制。

我所认识的一位年轻的商人，便是因为在小处过度节约而导致了生意的惨败。他的衣服总是穿到破旧不堪才扔掉，也从来不会主动邀请客户吃饭。慢慢地，他在圈内得到了一个吝啬的名声，再也没有人愿意与他做生意。而他由始至终都没有意识到，正是过度节约导致了他的失败。

生活中，为了省下一点点钱不惜以健康为代价，是不可取的。要想成就一番事业，必须杜绝过分的吝啬。无论贫困还是富有，尽可以在别的地方节省，但绝对不能在饮食上节约，因为它是健康的基本保障，也是人成功的基本保障。

过度的吝啬只会消耗我们的精力和体力。有些人生了病，宁愿承受巨大的痛苦，也不去医院看病，只是为了节约一点钱。由于身体虚弱，他们在工作中也精神恍惚。

不管是疾病还是其他障碍物阻止了我们继续前进，我们都应不惜一切代价去铲除它们，这是生命中最重要的事情。

我们要把提高自己的体力和智慧作为目标，为此，不管付出什么代价，都要义无反顾地去做。只要是能够促进我们成功，对我们的事业有帮助的事情，不管花多少钱都不要吝啬。

英国著名文学家罗斯金曾经说过："人们一般认为，节约就是让人'省钱'。其实，这种理解是完全错误的。节约应该解释为'合理地用钱'，也就是说，我们怎么样购买生活必需品，把钱用到最恰当的地方；怎么样去安排自己的衣食住行和一些休闲娱乐方面的开销。总之，我们要把钱用得恰到妙处，这才是真正的节约。"

请记住，节约金钱并不等同于吝啬。

杰里·吉果斯在其《金钱爱》中提出了这样一个观点：

“你可以把自己借贷的钱款看作是自己的收入。假如你在一瞬间无法接受这个观点，说明你在内心深处认为只有自己的钱财才能让自己觉得安心，你想享有真正的财富自由，因此你必须要做一个经济独立的人。要想达到真正意义上的独立，享受自己的生活，其实并没有别人说的那么困难，也并不需要大量的财富作为后盾。”

舒适快乐的生活，不代表要住别墅、开好车，关键在于你的生活态度。假如你有着健康的生活态度，即使要借钱度日，也能幸福快乐。

要想达到真正的经济独立，首先应该了解经济独立的含义。假如你想不增加自己的收入就达到经济独立，唯一的办法就是改变自己的思维，改变自己看待问题的方式，明确什么是经济独立，什么是经济不独立。

为了加强你对经济独立的认识，我们来看看下面几个因素中，哪个才是达到经济独立的主要途径。

1. 中了500万的彩票。

2. 拥有一大笔退休金以及养老金。

3. 继承大笔遗产。

4. 与富人结婚。

5. 找个财务顾问为自己制订投资计划。

据我调查，一些即将退休的人最关心的事情有三件，一是财产保障，二是身体健康，三是晚年生活中有老伴或朋友。最有趣的是，很快他们就改变了自己的想法，把健康视为头等大事，财产则转而变成了第三位。显而易见的是，他们的收入完全没变，只是他们对钱有了全新的认识。

调查结果显示，退休之后，人们的生活所需比之前想象的要少得多，金钱在他们优质的生活中不再起关键作用。同时，这个结果也证明以上几种因素都不是经济独立的先决条件。

1940年，多明奎斯在美国科罗拉多州的一个富裕家庭降生了。他从小衣食无忧，生活优越。随着年龄的增长及心理的成熟，他不愿再依赖自己的父母。18岁时，他靠自己微薄的工资实现了经济独立。在别人看来，他的收入甚至比不上穷人。但多明奎斯并不在乎别人的看法，他觉得只要自己愿意，不管收入多么可怜都可以实现经济独立。并非只有百万富豪才有独立的能力，即使月入500美元或低于500美元，同样可以实现经济独立。

那么，这要如何才能做到呢？多明奎斯说："实际上，真正的独立就是收大于支。假如你每个月的收入只有500元，而你把自己的支出控制在499元，那你也就实现经济独立了。"

多年来，多明奎斯以500元的微薄收入来维持生活，从不向家人伸手求助。他29岁就退休了。他在退休前曾经担任华尔街的股票经理人，见到很多人虽然位高权重、收入不菲，却过着痛苦的生活，这让他感到生活十分乏味。于是，他毅然离开了这种生活环境，开始制订一套适合自己的财务计划，过一种简单快乐的生活。他的生活轻松愉快，毫无压力，每年只花6000美元，这是他投资国债的利息。他对生活没有过多的物质追求，因此，他把多年主持"转变你与金钱的关系才能达到真正的经济独立"公开研讨会的额外收入，以及发表在《新时代杂志》上指导人们如何运用金钱的文章的稿费，全部捐献给慈善机构。

事实上，我们也不需要过多的财富，只要能解决温饱问题，拥有遮风避雨的住所就足够了。现代都市人的生活都很奢侈，两套衣服可以算是奢侈，拥有一栋房子、一部车子也算是奢侈。但是，大部分人都觉得这些是生活必需品。其实不然，在遥远的古代，人们没有这些东西，但他们也生存下来了，并没有因此而灭亡。事实证明，我们没有这些东西也可以活下去。

当然，我并不指望所有人的思想都有个360度的大转变，去做个苦行僧，只是想让大家维持最基本的生活需要。重要的是，一些人至少可以减少一些不必要的开销。过去几年来，我的收入也很微薄，但在生活上却一直保持着一些奢侈的享受。其实，许多奢侈品牌毫无意义，只会让人虚荣攀比，招摇过市地展现自己的光鲜亮丽，并以一些肤浅的手段在别人面前炫富（别墅、豪车以及先进的音响设备），尤其是在穷人或中产阶级面前证明自己高人一等。这种行为只会暴露自己缺乏自尊以及一些内在的人格品质。

现实生活中，爱慕虚荣者确实应该有所收敛了。疯狂地挥霍金钱，买回来一堆毫无价值的垃圾，目的就是展示给别人看，证明自己高人一等，实际上却失去了做人的本真，离真实的生活越来越远。

莫罗德夫妇住在阿巴达索镇阿巴达街，有两个女儿。这是一个不富裕却经济独立的普通家庭，他们依靠微薄的收入过着一种幸福快乐的生活。莫罗德夫妇都在学校教书，假如他们愿意，每年可以拥有10万美元的收入，但事实上只有丈夫在做一份半职的工作。他们家每年只花不到 3 万美元，便过得极其幸福快乐。这都是因为他们能够明智地花费，才达到了真正意义上的经济独立。

过去 10 年来，莫罗德一家过着非常简单的生活，但是，他们并不因清贫的生活而感到伤心难过，而是觉得很安心，还为环保贡献了自己的一点力量。实际上，他们已经变成哲学中"少就是多"的实例。他们的收入比一般人少得多，但是他们买到了一种很多富翁一辈子都买不起的东西，那就是大量的休闲时间。他们用这些时间做自己喜欢的事情，满足自己的爱好。

所以，只要你稍微减少一点开销，就一定能节省下一笔可观的金钱。

假如我们能够充分利用自己的创造力和聪明才智，即使不花钱也能过上幸福快乐的生活。事实上，善于平衡自己前进的步伐，拥有较长的物质财富的享受，才是生活的真正价值所在。

所以，要学会支配你的工作和金钱，第五个原则是：
把钱用在最恰当的地方。

第四章　快乐如此简单

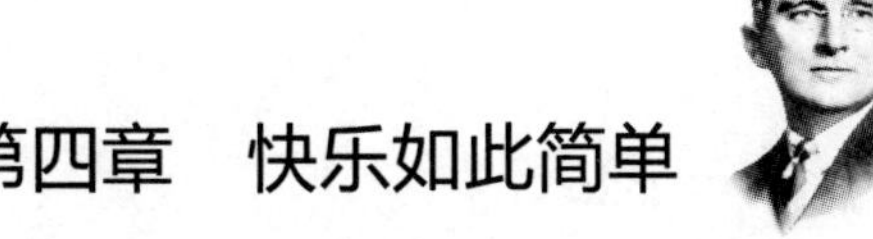

◎ 寻找出忧虑的根源，并勇敢地面对它们，解决它们。

◎ 干扰我们的那些烦恼，时间会把它们全部瓦解掉。

◎ 要想长寿，请远离忧虑。

◎ 紧张，就是一种慢性自杀。

◎ 熬得过昨天，就能度过今天，也不要去想明天会发生什么事。

◎ 让自己忙碌起来，让忧虑无机可乘。

◎ 不要为打翻的牛奶而哭泣。

◎ 99%的烦恼都是自找的

◎ 运动是烦恼的最佳解药。

世上第一愚人

——珀西·怀丁 《推销的五大金科玉律》作者

我比这个世界上任何一个人，包括活的、死的、奄奄一息的，都得过更多的疾病。

我并不是忧郁症患者。我的父亲开了一家药店，我实际上是在药店里长大的。我每天都和医生、护士聊天，所以我对疾病的名称、症状了解得比一般人要多。

前面说过，我并非忧郁症患者，但是我却有着与忧郁症同样的症状！我会为一种毛病担忧一两个小时，接着我就有了那种病的所有症状。还记得有一次镇上流行白喉，我在药店里帮忙，每天卖药给那些家人感染了白喉的顾客。接着，我所恐惧的恶魔就降临到我的身上了，我也得了白喉。我确信自己是得了白喉。我躺在床上，觉得身上有着白喉的各种标准症状。医生来看我，他检查一番后说："没错，珀西，你得了白喉！"听了他的话，我放心了。我从不担心自己已经得过的病症，于是我翻了个身睡着了，第二天我就痊愈了。

有很长一段时间，我专患一些极不寻常的疾病，以换取大量的关注与同情。我曾因牙关紧闭症和狂犬病“死”过几次。后来，我专注于患上癌症及恶性肿瘤。

现在回想起来，我觉得自己真是太可笑了，但当时实在是很悲惨。有几年时间，我真的相信自己正徘徊在生死边缘。春天买新衣服的时候，我总会自问：“反正我也没机会穿它，何必浪费这笔钱呢?”

不过，我很高兴在此报告我的进步：过去10年来，我连一次也没有“死”过。

我是怎样做到的？我开始取笑自己荒谬的想法。每当我觉得身上出现症状时，我就会取笑自己：“看看你自己，20年来，你已经因各种致命的疾病‘死’过好几次了，但这并无损于你的健康。最近还有家保险公司接受你加保，难道你不该好好地嘲笑自己一番吗?”不久我就发现，我不可能做到一边担心，一边嘲笑自己。所以，从那以后，我开始经常嘲笑自己。

克服忧虑的重点在于，别把自己看得太重要，对于一些荒谬的烦恼，不妨一笑了之。

曾经的“烦恼大王”

——吉姆·伯索尔 C. F. 穆勒公司工厂主任

17 年前，我是弗吉尼亚州布莱克斯堡军事学院的一名学生，得了个绰号叫“弗吉尼亚烦恼大王”。我经常感到烦恼和忧虑，因而经常生病，学校医院甚至为我保留了一张病床。每当我来到医院，护士们就不由分说地给我打上一针。

我对一切都充满了忧虑，烦恼不已，有时甚至不记得自己究竟在烦恼什么。因为物理学和其他几门功课考试不及格，我担心自己会因成绩太差而被学校开除；我担心消化不良、失眠会影响自己的身体健康；我担心自己的经济状况无法维持自己的学业；我担心自己不能经常买礼物送给女友，带她去跳舞，她会嫁给别人……不论白天还是黑夜，我总是为许许多多无法解决的问题而烦恼。

绝望之中，我将自己的烦恼告诉了企业管理学教授杜克·巴德。与他交谈的 15 分钟，对于我的健康和幸福的帮助，远比大学 4 年所学到的要多得多。他说：“吉姆，你首先应该坐下来面对现实。假如你能省下用来烦恼的一半时间和精力，去解决你的问题，那就不会有什么烦恼了。你只是不幸拥有了烦恼这个坏习惯而已。”

为了帮助我改掉烦恼这个坏习惯，他为我订立了3个规则：

第一，正确找出让自己烦恼的究竟是什么东西。

第二，找出问题的主要根源。

第三，马上采取一些建设性的行动来解决问题。

根据这3个规则，我制订了一些积极的行动计划。我不再为物理学不及格而烦恼，而是反问自己为什么会不及格。我很清楚自己并不笨，我还是校刊的总编辑。我是因为对物理学不感兴趣，觉得它对自己日后所要从事的工作毫无意义，所以没有通过考试。而现在我改变了态度，我对自己说：“假如学校要求只有通过物理考试才能取得学位，我能够反抗吗?”所以，我再也没有为物理学有多么困难而感到烦恼，而是专心致志地学习，结果顺利地通过了考试。

另外，我采取勤工俭学的方式解决了自己的经济问题，比如在舞会上贩卖果汁。与此同时，我还向父亲贷款，保证毕业不久便还清。

我还顺利解决了自己的爱情烦恼——我向自己一直担心会移情别恋的那位女孩求了婚，她现在已经是吉姆·伯索尔夫人了。

现在回过头去看看，我发现自己当时唯一的问题就是不愿去寻找烦恼的根源，并勇敢地面对它们，解决它们。

时间能抚平一切

——路易斯·蒙坦特 市场及销售分析家

忧虑使我浪费了 10 年的大好光阴。这 10 年，本应是我人生中最丰富、最具有生命力的时期——18 岁到 28 岁。我现在明白，失去这 10 年的宝贵光阴，怪不了任何人，完全是我自己的错。我几乎担心所有的事情：工作、健康、家庭及自卑感。我羞于见人，因为害怕与熟人打招呼，我不惜绕道而行。就算真的在街上遇见朋友，我也会假装没看见，因为我担心别人不屑于理我。我害怕与陌生人会面，以致在两周内连续失去 3 次工作机会，只因我没有勇气表明自己能够胜任这些工作。

就在 8 年前的一天，我在一个下午克服了我的忧虑——后来也很少再烦恼过。那天下午，我坐在一个人的办公室里，这个人所遇到的问题比我还要麻烦得多，但他却是我所认识的人中最开心的一个。1929 年，他发了财，不久便一贫如洗。1933 年，他又发了一笔财，结果又没能保住这笔财产。1939 年，他东山再起，但同样没能保住财产。他破产了，被债主、仇家追得无处容身。这些打击足以令人崩溃，甚至想不开自杀，但是他却视若无睹。

8 年前我坐在他的办公室里，内心十分羡慕他，希望自己也能够像他那样。我们谈话的时候，他丢过来一封他当天早上收到的信，说："看看这封信。"那是一封愤怒的信，里面提出的都是一些令人难堪的问题。假如我是收信人的话，一定会如坐针毡。我问他："比尔，你打算怎么回这封信？"

比尔说："让我来告诉你一个小秘密，下次你再有什么烦心的事，拿起纸笔，坐下来把你忧虑的细节全部写下来，然后把这张纸放在你书桌抽屉的最下层。几个礼拜后，你再把它拿出来看，如果还是觉得很烦，就再把它放回抽屉里，再等两个礼拜。它在抽屉里很安全，没有任何不妥，但同时却可能有许多事影响到你所忧虑的事。我发现，只要有足够的耐心，那些想要干扰我的烦恼，后来都会自动地一一瓦解。"

他的忠告给我留下了深刻的印象，而我采纳他的做法也有好几年了，结果是，我真的很少再为什么事烦心过。时间可以解决很多事情，时间也能抚平你今天所担心的事情。

我几乎没有明天

——J. C. 潘尼 美国著名连锁经营商

1902 年 4 月 14 日，一对年轻的夫妇花 500 美元在怀俄明州的一个千人小镇上开了一家杂货铺。他们住在店铺的阁楼上，用一个大木箱当桌子，小的空木箱做椅子。妻子将婴儿用毛毯包住，放在柜台下层，她自己则站在旁边，帮助丈夫招呼顾客。这家店铺后来成了世界最大的连锁商店——J. C. 潘尼，一共有 1600 家店铺，遍布全美各州。

最近我与 J. C. 潘尼一起吃饭时，他告诉了我他一生中最戏剧化的一刻：

“几年前，我经历了一次最难忘的体验。当时我忧心忡忡，我的烦恼与生意无关，实际上，生意非常顺利，但在 1929 年经济大萧条之前，我做了一个错误的决定，并因为这件无法负责的事成为众人指责的对象。我非常苦恼，开始失眠，并罹患了一种非常痛苦的皮肤病——带状疱疹。我只好去看医生，埃格尔斯顿医生是我从小学到高中的同学。他命令我躺在床上休息，警告我病得不轻，并开始为我治疗，但是治疗没有任何起色，我仍然一天比一天衰弱。我身心俱疲，无比绝望，看不见一丝光明。我失去了生存的斗志，觉得自己没有任何朋友，连家人也抛弃了我。

“有一天晚上，医生给我开了镇静剂，但药效很快就消失了，醒来后，我强烈地感到自己已经走到了生命的尽头。我下床给妻子、儿子写了遗书，告诉他们，我已经不可能再看到第二天的太阳了。

“第二天早上，当我醒来时，几乎不敢相信自己居然还活着。我走下楼去，听着小教堂传来早晨做弥撒的圣歌之声。我至今仍记得他们唱的是：‘天主会眷顾你！’我步入教堂，心怀忧戚地听着圣歌，念着祈祷文。忽然间，奇妙的事情发生了。我实在无法解释，只能说是一个奇迹，我感到自己突然从黑暗的深渊来到温暖舒适的阳光下，就像是从地狱来到了天堂。我第一次真正感受到天主的神恩。我认清自己对这些烦恼是责无旁贷的，但天主与他的神恩会帮助我。从那天起，我就不再烦恼了。

“现在我已经 71 岁，这一生中最戏剧化、最光辉的 20 分钟，就是在那座小教堂里，听见‘天主会眷顾你！’”

J. C. 潘尼发现了克服忧虑的最佳疗法，因此他立即就脱离了烦恼的深渊。

忧虑使人折寿

——康尼·迈克 棒球老将

我在职业棒球界已经有 63 年了。当我首次加入球队时，没有一点薪水。我们在空地上比赛，经常被空罐子或马具绊倒。比赛结束后，我们会用帽子向观众收点小费。不过，这点钱根本不足以供奉寡母、养育幼小的弟妹，有时候，为了赚钱，球队必须做一些逗笑的演出，才能使球赛继续下去。

如果要担忧的话，我完全有足够的理由。我是唯一一个连续 7 年积分倒数第一的棒球队经理，也是 8 年来唯一一个输过 800 场球赛的棒球经理。说实话，一系列的挫败曾经令我担忧得茶饭不思，但是，25 年前，我决心不再忧虑。我确信，假如我当时没有停止忧虑，恐怕早就一命呜呼了。

回首走过的漫长的人生道路（我出生于林肯总统时代），我之所以能够克服忧虑，主要是因为以下几点：

第一，我认为烦恼除了会威胁到我的棒球生涯外，对我毫无益处。

第二，我认为烦恼会损害身体健康。

第三，我让自己投身于将来的比赛，根本无暇顾及已经失败了的球赛。

第四，我给自己定了一个规则：球赛过后24小时内，不得批评球员所犯的过错。原来我经常和球员们一起穿衣、更衣，假如比赛输了，我总是忍不住批评他们，并且不留情面地和他们争论失败的原因。后来，我发现这样做唯一的结果就是增加自己的烦恼，而且在大家面前遭到批评的球员，以后只会更加不愿与我合作，因为这让他感觉很没面子。由于无法确定能否在球赛刚结束时控制自己的情绪，我给自己定下了一个规则：比赛失败后，绝不立刻与球员见面；一直要等到第二天，才与他们讨论比赛失利的原因。那时我已经冷静下来，不会扩大错误，而且可以冷静地与球员们探讨事实，球员也不会生气或为自己辩护。

第五，我不像以前那样总是挑球员们的刺，而是赞扬、激励他们。我想赞扬每一个人。

第六，我发现，每当自己身体疲倦时，烦恼就会更多。所以，我每天的睡眠时间是10个小时，每天下午还要小睡一会儿，哪怕只是5分钟的小睡也大有益处。

第七，我相信忙碌充实的生活使我免除了各种烦恼的干扰，因而延长了自己的寿命。现在我已经85岁，但还不想退休，我想把同样的故事反复讲给别人听，这时我才意识到自己确实已经老了。

（康尼·迈克并没有读过《人性的优点》这一类书，但他却知道给自己订下一些规则。你为什么不把以前觉得对自己很有帮助的一些规则列成一张表格写下来呢?）

紧张是一种慢性自杀

——保罗·桑普森

6个月之前，我的精神十分紧张，整个人绷得紧紧的，几乎没有放松下来的时候。每天下班回到家后，我感到筋疲力尽，并且忧心忡忡。这到底是因为什么呢？我想是因为从来没有人告诉我："保罗，你正在自杀。为什么不放轻松点，慢慢来？"

每天早晨，我总是匆匆起床，吃早餐，刮胡子，换好衣服，然后着急地开车上班。我两手紧紧地抓住方向盘，好像它随时有可能飞出窗外一样。我忙碌而紧张地在公司里度过白天，下班后赶紧回家。甚至到了晚上，我也急着想要入睡。

紧张的生活节奏快要把我逼疯了，只好求助于底特律一位很有名的精神科专家。他建议我随时都要想到放松，不管是在工作、开车，还是吃饭、睡觉，都要想到放松自己。他说，我正在慢性自杀，因为我不知道怎样才能让自己放松下来。

从那以后，我开始练习放松自己。晚上上床后，我不再急着入睡，而是有意识地放松自己的身体与呼吸。早晨醒来，我觉得自己已经休息过了——这是一个很大的进步，因为在那之前，我经常在醒来后仍感到疲倦紧张。现在，我在吃饭、开车时也能放松自己了。说得更准确一些，我开车时仍然保持警觉，但只是用心，而不是神经紧绷。最需要放松自己的地方是办公室，一天中经常有好几次，我会停下手头的所有工作，看看自己是否处于完全放松的状态。电话铃响后，我不再跳起来去抢着接；与人谈话时，我也不再感到紧张。

结果呢？我的生活变得更加轻松愉快，我也不再紧张和烦恼了。

熬得过昨天，就能度过今天

——桃乐茜·迪克斯

以前我曾经十分穷困，并且得了很严重的病。如果有人问我是如何渡过这些难关的，我通常会回答："熬得过昨天，就能度过今天。我从不去猜想明天会发生什么事情。"

我深知奋斗、焦虑和失望的意义。回首过往，我深感生活如战场，充满了破灭的梦想、支离破碎的希望和残缺不全的幻想。人们在这场战斗中得胜的概率相当低，每一场战斗下来，常常弄得自己伤痕累累、四肢残缺。

但是，我从来不因此而自怨自艾，从来不为过去的烦恼而伤心。我也毫不嫉妒那些从未遭遇苦难的幸运儿，因为我实实在在地生活着，而他们只是活着而已。我已尝遍生活的苦酒，而他们不过品尝了一点泡沫而已。他们一辈子也不会了解我所知道的许多事情。他们从来没有见过的东西，我已经见识过。眼睛被泪水冲刷干净的女人，会拥有广阔的视野。

我在艰苦的环境中学到了许多宝贵的人生哲学，这是生活舒适的人永远不可能学到的。我懂得珍惜每一天，从来不为未知的明天而心生恐惧、自寻烦恼。恐惧让人懦弱，我努力地驱赶自己身上的恐惧。生活经历使我明白，每当让我恐惧的时刻来临，我的内心便会滋生某种勇气和智慧来抗拒它。我丝毫不会受到细小烦忧的影响。一个经历过极度不幸的人，假如仆人服侍不周或厨子做坏了一锅汤，他都不会在意。

我也懂得了不会对别人寄予过高的期望，这样一来，不管是朋友的不忠还是熟人的闲话，我都能够一笑了之，并继续与他们交往。

此外，我还学会了幽默，因为生活中有太多令人哭笑不得的事情了。当一个女人遭遇烦恼时，不仅丝毫不会感到焦虑，而且能够做到自嘲，那么她再也不会被世上任何的不幸所伤害。

我从不因人生的种种困苦而感到遗憾，因为它们让我彻底了解了生活的每一面，而这一点就值得我付出一切代价。

我做过世界上最苦的工作

——泰德·艾利克森 国家搪瓷与锻压公司驻加利福尼亚州代表

我以前是一个糟透了的“烦恼大王”。然而，1942 年夏天发生的一件事，使我将忧虑和烦恼抛之脑后——我希望永远如此。我生活中的所有烦恼都因为这次经历而变得不值一提了。

一直以来，我都渴望在阿拉斯加的渔船上工作一段时间。1942 年夏天，我终于如愿以偿，在阿拉斯加科迪亚克一艘 32 尺长的鲤鱼拖网渔船上得到了一份工作。这艘船上只有 3 名船员，船长全面负责航行和捕捞，大副协助船长做一些具体工作，还有一个是打杂的水手。他们和我一样，都是北欧人。

捕鲑必须等到潮汐时分，为此我每天不得不工作 20 个小时。有一次，我连续一周每天都工作 20 个小时，还要做那些别人都不想做的事情。我刷洗船身，在狭小的舱房里用烧木材的火炉做饭，被热气熏得几乎生病。我清洗碗盘，修理船只，把鲑鱼铲到另一艘船里以便运往罐头工厂。我穿着橡胶靴，靴里都是水，而我忙得几乎没有时间把水倒出来，因此两只脚永远都是湿的。不过，这些工作相对于我的主要工作可以说只是儿戏。我的主要工作是站在船尾把网拖上来，理论上如此轻易，实际上呢？渔网沉得根本拖不动，我不得不使出吃奶的力气。天天如此，我几乎为此送命，浑身酸痛不已，持续了好几个月。

终于有机会休息了，我躺在一个潮湿而凹凸不平的垫子上，筋疲力尽，像死人一样昏睡过去。

而今想来，我很高兴自己以前吃了这些苦头，因为它们令我不再烦恼。如今一旦遇到困难，我都不会烦恼，而是反问自己："艾利克森，这难道比拖网更辛苦吗？"我总是回答说："不，再也没有比那更辛苦的事情了！"于是，我马上振作起来，勇敢地接受挑战。我想，偶尔经历痛苦的生活是一件好事。我很高兴干过世界上最苦的工作，它使我日常生活中遇到的问题都变得不值一提。

忧虑是最难缠的对手

——杰克·邓普西 拳击手

我在拳击生涯中发现，比起所有的重量级拳手，忧虑更难对付。我清楚自己必须学会消除烦恼，否则它将大大削弱我的活力，破坏我的成就。因此，我制订了一项制度，下面是其中的一部分内容：

1. 为了在比赛中保持足够的勇气，我总是鼓励自己。比如，与弗波比赛时，我不断地对自己说："我是无敌的……他无法击败我，他的拳头击不中我……我不会受伤……不管发生什么，我都要勇往直前。"这些自我激励的话语对我起到了很大的作用，它们让我始终保持积极的心态，甚至使我感觉不到对方的拳头在进攻。在拳击生涯中，我的嘴唇曾经被打破，眼睛曾经被打伤，肋骨曾经被打断，弗波的一拳也曾将我打出场外，摔在一位记者的打字机上，将打字机压坏了。然而，我对弗波的拳头一点感觉也没有——我从来没有感觉到任何拳头。或许有那么一次，那是李斯特·约翰逊一拳打断我的 3 根肋骨时。我敢说，除了这一拳，我从来没有对任何一拳有过感觉。

2. 我经常提醒自己忧虑的后果。出赛前的训练通常是我最担心的时候，我经常躺在床上翻来覆去，一连几个小时都睡不着。我担心折断手臂、扭伤脚踝，或者在第一回合眼睛就受伤，无法协调后面的出拳。每当我心情紧张的时候，我就起床去照镜子，给自己打气。我对自己说："你这个笨蛋，居然为还没有发生的事情而烦恼！它也许根本不会发生。生命如此短暂，你能享受的也就那么几年，一定要好好地度过每一天。"我还对自己说："没有任何东西比你的健康更重要。"我不断提醒自己，失眠和忧虑只会有损我的健康。当我不断地重复这些话，日复一日，年复一年，它们终于和我的身体融为一体。

3. 最后一种方法——也是最好的——就是祈祷！在比赛训练时，我每天都会祈祷好几次。我在比赛的每一回合铃响之前，都会进行祈祷，它让我有了继续比赛的信心和勇气。睡觉前我总是祈祷，吃饭前我也会祈祷……我的祈祷起作用了吗？无数次的事实已作出了回答！

尽量让自己忙碌起来

——迪尔·休斯 会计师

1943 年，我被送进新墨西哥州阿布奎基市的一家军队医院接受治疗，当时我的肋骨折断了 3 根，肺部穿孔。这一不幸发生在夏威夷岛的一次陆战队两栖登陆大演习中。当时我正准备从小艇跳到沙滩上，碰巧一阵大浪扑来，把小艇托起，我顿时失去了平衡，跌倒在沙滩上。由于摔下来的力量很大，我折断了 3 根肋骨，并且其中一根刺进了我右边的肺部。

我在医院里住了 3 个月，经历了一生中最严重的惊吓——医生说我的伤势完全没有好转的迹象。经过多次的谨慎思考，我认为是过度的烦恼使自己无法康复。以前我的生活一直十分活跃且多姿多彩，但是这 3 个月以来，我每天 24 小时都必须躺在病床上，无所事事，所以只能胡思乱想。然而，我想得愈多就愈烦恼：我担心自己是否能恢复以前的职位，我烦恼自己是否会终身残疾，以及是否还能结婚，过上正常的生活。

于是，我请求医生将我安排到隔壁一间被称为“乡村俱乐部”的病房，那里的病人几乎可以完全自由地活动。在这个“乡村俱乐部”里，我对“合约桥牌”产生了极大的兴趣。我用了6个星期的时间和其他伙伴一起搭档，并阅读了一些桥牌书，终于学会了它的玩法。6个星期后，我几乎每天晚上都打桥牌，同时还对油画产生了浓厚的兴趣：每天下午3点至5点，我都在一位老师的指导下学习画油画。我的一些作品画得很不错，人们甚至一眼就能看出我画的是什么。我还尝试雕刻肥皂和木头，并阅读了许多相关的书籍，觉得非常有趣。

我让自己忙碌起来，因此没有时间去担心自己的伤势。我甚至花了许多时间阅读红十字会赠送给医院的心理学书籍。到第3个月的最后一天，医院的全体医护人员来向我道贺，说我的伤势恢复得很好。那是我自出生以来听见的最甜蜜的一句话，我高兴得真想放声大叫。

在此我想说明的一点是，当我无所事事，成天只能躺在床上为自己的将来烦恼时，我没有任何进步。我只是在用烦恼来残害自己的身体，甚至连那些折断的肋骨也难以好起来。而当我专心地打桥牌、画画、雕刻，忘记了身体的伤痛时，医生立即跑来祝贺我，说我“进步极大”。

现在我过着正常而健康的生活，我的肺脏也和你们的一样好。不知你是否记得萧伯纳说过的一句话：“悲哀的根源，在于你有闲暇来烦恼你是否快乐。”所以，活跃起来吧，尽量让你自己变得充实而忙碌。

多活 45 年的秘诀

——约翰 · D. 洛克菲勒 美国石油大王

约翰 · D. 洛克菲勒在 33 岁时赚到了自己的第一个 100 万美元。43 岁时，他建立了世界上前所未有的最大的垄断企业——庞大的“标准石油公司”。但他在 53 岁时又怎么样呢？烦恼把他搞惨了，烦恼和高度紧张的生活破坏了他的健康，他“看起来像个木乃伊”，头发全部掉光，甚至连眼睫毛也一样，只剩下淡淡的一绺眉毛。

根据医生的说法，他的病是“脱毛症”，这种病通常是因为过度紧张引起的。他的头部光秃秃的，模样很古怪，不得不戴上帽子。后来，他又订制了一些假发，每顶 500 美元，从此他就一直戴着这些假发。

洛克菲勒的身体本来十分健壮，从小在农场长大的他，肩膀又宽又壮，腰杆挺直，步伐稳健有力。然而，只不过才 53 岁，正是大多数男人的壮年，他的双肩已经下垂，走起路来摇摇晃晃。

永远做不完的工作、无穷无尽的烦恼、长期不良的生活习惯、经常失眠，以及缺乏运动和休息，已经夺走他的健康，使他挺不起腰来。他是当时世界上最富有的人，但却只能吃些连穷光蛋都不屑一顾的食物。当时他每周的收入是100万美元，而他所吃的东西每周只需花2美元——医生只允许他吃酸牛奶和饼干。他的皮肤毫无光泽，看上去就像是老羊皮包裹在他的骨头上，而金钱在这时也派不上用场，只能为他做医药治疗，使他不至于英年早逝。

这是怎么一回事？是他用烦恼、惊吓、高度紧张的生活，把自己“推”到了坟墓的边缘。

洛克菲勒早在23岁的时候就全心全意地追求自己的目标。据他的朋友说，除了生意上的好消息以外，没有任何事情能令他展颜欢笑。当他做成一笔生意，赚到一大笔钱时，他就高兴得把帽子摔在地上，痛痛快快地跳起舞来。如果生意失败了，他也随之病倒。有一次，他经由五大湖托运价值4万美元的谷物，没有投保，因为保险费太高了——150美元。那天晚上，暴风袭击了伊利湖，洛克菲勒十分担心，害怕他的货物遭遇不测。第二天早上，当他的合伙人乔治·加勒来到办公室时，发现洛克菲勒正绕着房间焦急地踱步。

“快”，他颤抖着说，“看看现在是否还可以担保，如果不能的话，就太迟了！”加勒赶紧冲到城里去买了保险，当他回到办公室时，发现洛克菲勒的情况更糟了。这时正好有一封电报到来，说货物顺利卸下，没有遭到暴风雨袭击。但是，洛克菲勒反而比先前更沮丧了，因为他们“浪费”了150美元！他心疼不已，不得不回家去躺下来。

想想看，那时他的公司每年经手50万美元的生意，而他却为150美元如此失魂落魄，甚至因此而躺倒。

“缺乏幽默感和安全感”，是洛克菲勒一生的特征。他说：“每天晚上，我一定要先提醒自己，我的成功也许只是暂时性的，然后才躺下来睡觉。”

他手上已有数百万美元可以任意支配，但他仍然担心失去自己的财富，这就怪不得忧虑会拖垮他的身体。他没有时间游玩或娱乐，从未上过戏院，从没玩过纸牌，从不参加宴会。诚如马克·汉纳所说：“在别的事情上他很正常，唯独为金钱而疯狂。”

有一次，洛克菲勒在俄亥俄州向一位邻居表示：“希望有人爱我。”但是，他过分冷漠多疑，很少有人喜欢他。摩根有一次大放怨言，声称不愿和洛克菲勒打交道。“我不喜欢那种人。”摩根不屑地说，“我不愿和他有任何往来。”

洛克菲勒的职员和同事都对他敬畏有加，但好笑的是，他竟然也怕他们——害怕他们在办公室外乱讲话，“泄露了机密”。他对人类的天性没有丝毫信心。有一次，他打算和一位独立制造商签订一份 10 年的合约，他要那位商人保证不告诉任何人，甚至他的妻子也不行。“闭紧你的嘴巴，努力工作”，这就是他的座右铭。

接着，就在他的事业达到顶峰时——财富如维苏威火山的金黄色岩浆，源源不绝地流入他的保险库中——他的私人世界却崩溃了。许多书籍和文章公开谴责“标准石油公司”不择手段致富的财阀行为——与铁路公司之间的秘密回扣，无情地压倒每一个竞争者。

洛克菲勒最后发现自己其实也是个凡人，无法忍受别人对自己的仇视，也受不了忧虑的侵蚀。他的身体开始不行了，这个新敌人——疾病——从内部向他发起攻击，令他措手不及。

起初，“他试图保密自己偶尔不适的事情”，但是，失眠、消化不良、掉头发——烦恼和精神崩溃的肉体表征——却是无法隐瞒的。最后，他的医生们把惊人的实情坦白地告诉他。他只有两种选择：或者是财富和烦恼，或者是性命。他们警告他，他必须在退休和死亡之间做一抉择。

他选择了退休，但在退休之前，烦恼、贪婪、恐惧已经彻底破坏了他的健康。美国最著名的传记女作家伊达·塔贝见到他时有点吓坏了，她写道：“他脸上所显示的是可怕的衰老，我从未见过像他这样苍老的人。”

苍老？这是怎么回事？洛克菲勒比当时的麦克阿瑟将军还要年轻几岁，但他的身体已如此衰弱。伊达·塔贝对此深感悲哀。她正在撰写她那本有力的著作，揭发“标准石油公司”的罪恶，她当然不喜欢这个一手建造这一“庞大组织”的人。但是，当她看见洛克菲勒在教会主日学校教书，焦急地搜索四周的脸孔时——“我有一种前所未有的感觉，这种感觉与时俱增。我为他感到伤心。我知道，没有知心的伴侣，是一件很恐怖的事情。”

医生们开始挽救洛克菲勒的生命，他们为他立下了3条规则，也是他后来终身彻底奉行的3条规则：

一、避免烦恼。在任何情况下，绝不为任何事情烦恼。

二、放松心情，多在户外做适当的运动。

三、注意节食，随时保持半饥饿状态。

洛克菲勒严格遵守这3条规则，从而挽救了自己的性命。他从事业上退休，他学习高尔夫球，整理庭院，和邻居聊天；他打牌，唱歌。但他同时也进行别的事。温克勒说：“在那段痛苦的日子及失眠的夜晚里，洛克菲勒终于有时间自我反省。”他开始为他人着想，他曾经一度停止去想他有多少钱，而开始思索这笔钱能换取多少人类的幸福。

简而言之，洛克菲勒现在开始考虑把数百万的金钱捐出去。这样做并不容易。当他向一座教会学校捐献时，全国各地的传教士齐声发出反对的怒吼："腐败的金钱！"但他继续捐献，在获知密歇根湖湖岸的一所学校因为抵押权而被迫关闭时，他立刻展开援助行动，捐出数百万美元，将它建设成为目前举世闻名的芝加哥大学。

他也尽力帮助黑人。比如塔斯基吉黑人大学需要基金来完成黑人教育家华盛顿·卡文的志愿，他毫不迟疑地捐出了巨款。他也帮忙消灭十二指肠虫。著名的十二指肠虫专家史太尔博士说："只要价值 5 角钱的药品就可以为一个人治愈这种病，但谁会捐出这 5 角钱呢?"洛克菲勒捐了出来。接着，他又采取更进一步的行动，成立了一个庞大的国际性基金会——洛克菲勒基金会，致力于消除世界各地的疾病、文盲及无知。

洛克菲勒深知世界各地有许多有识之士，进行着许多有意义的工作：研究工作默默地进行，学校一所所地建立，医生致力于与某种疾病作斗争。但是，这些工作经常因资金缺乏而宣告结束。他决定帮助这些致力于人道主义的开拓者——不是"将他们接收过来"，而是用他的金钱资助这些开拓者发现了盘尼西林，以及其他多种发现。

那么，洛克菲勒本人怎么样了？他把钱捐出去后，是否已经获得内心的安宁？没错，他最后终于感觉满足了。他非常快乐，他已经完全改变了，完全不再烦恼。事实上，在他被迫接受自己人生中的最大一次失败时，他甚至不愿因此而失去一晚的睡眠。

那次失败是这样的：他一手创立的“标准石油公司”被政府勒令付出“历史上最重的罚款”。根据美国政府的说法，“标准石油公司”是一家垄断企业，直接违反了《反托拉斯法案》。这场官司打了5年，美国最优秀的法律人才都投入到了这场在他们看来似乎永无休止的官司之中，但“标准石油公司”最后还是败诉了。当南迪法官宣布判决后，辩方律师担心洛克菲勒无法接受这个坏消息，因为他们不知道他已经完全改变了。

那天晚上，其中一位律师打电话给他，尽量委婉地把法官的判决告诉他。然后，这位律师关切地问他：“洛克菲勒先生，希望这个判决不至于令你烦恼，希望你今晚好好睡一觉。”

老洛克菲勒是怎么说的？“哦，”他毫不迟疑地回答，“不要担心，强林先生，我本来就打算好好睡一觉的。希望你也不要因为这件事而心烦。晚安！”

这话竟然出自一个曾因损失150美元而伤心卧床的人之口？没错，洛克菲勒花了很长一段时间才克服自己的烦恼。他“死于”53岁，却活到了98岁。

可笑的小药丸

——卡梅隆·西普 撰稿人

我曾经在加利福尼亚州的华纳兄弟影片公司宣传部愉快地工作了几年。我是个专栏作家，一个人单独写作，为几家报纸和杂志撰写短文，报道华纳公司的明星动态。

有一次，我很突然地获得了升迁的机会，被提拔为公司宣传部的副主任。事实上，公司的行政策略有所改变，我被授予了一个极具诱惑力的头衔——行政助理。

这个新的头衔使我拥有了一间大办公室、一台私人冰箱和两位秘书，并拥有绝对的权力来指挥 75 名撰稿人员、开发人员以及无线电人员。我自以为事事顺畅，于是马上去买了一套新衣服。我开始试着以威严的语气说话，建立起档案制度，作出权威的决定，吃饭也变得匆匆忙忙。

我感觉华纳公司的整个公共关系政策都托付在了我的身上，甚至以为公司的一些大明星，如爱德华·鲁宾逊、贝蒂·戴维斯、詹姆斯·卡格尼……全都在我的掌控之中。

可惜好景不长，不到一个月，我就觉得自己得了胃溃疡，甚至可能是癌症。

当时我的另一项主要工作，是担任银幕宣传指导委员会的策划小组主席。我很喜欢这个工作，对于能在各种会议中和老朋友见面感到很高兴。但是，这些聚会后来渐渐变得让我害怕起来，因为每次开完会，我总感觉很不舒服。我经常在回家的路上将汽车停在路边，让自己放松一下，才能继续开车。我似乎有许多工作要做，但是时间又很有限。由于这些工作都十分重要，我对自己无法愉快地胜任感到十分伤心。

我做人向来诚实——我认为这是我一生中最大的痛苦。我总觉得精神负担很重，体重也逐渐减轻，开始失眠，经常觉得痛苦难忍。

于是，我去看了一位著名的内科大夫。这是一位广告商向我推荐的，他说这位大夫的患者中有很多是广告商。

这位大夫话并不多，只是让我告诉他我哪里不舒服，以及从事什么工作。他对我的工作似乎比对我的病情更感兴趣，不过，后来我发现并非如此。接连两个星期，他每天都会给我做各种各样的检查。最后，他通知我去见他，告诉我检查的结果。

“西普先生，”他说话的时候往椅背上一靠，然后递给我一支烟，“我们已经做了各种检查，这些检查对你来说是绝对必要的，虽然我在第一天为你做了大致的检查后，就知道你并没有患胃溃疡。不过我知道，就你的个性及目前所从事的工作而言，你是不会轻易相信我的，除非我能向你证明。那么，现在就让我来告诉你。”

接着，他拿来各项检查图表以及 X 光片，详细地向我解释，最后再次告诉我，我并没有患胃溃疡。

“听着，”大夫说，“虽然这些会花掉你不少钱，但是这笔花费是很值的。我给你开的药方是：不要烦恼。”

我正想对他发火，但他制止了我，继续说道：

“注意听我说，我知道你无法立刻遵照这个药方去做，所以我给你开了一些药丸来帮助你。这些药丸你想服用多少，尽管放心服用。用完了，你再到我这儿来，我会再给你开一些。它们不会对你有害，但能让你经常保持轻松愉快。但你一定要记住，你并非一定要服用它不可。如果你能以此免除烦恼，一切就都好办了。”

“如果你又有了烦恼，那你必须回到我这儿来。那时，你可能又要花费一大笔治疗费了，你可愿意?”

我多么希望告诉各位，这位医生的话对我起作用了，我立刻停止了烦恼。然而，这一切并没有发生。我连续服用了几个星期的药丸——每当我觉得烦恼时，就吃几颗药丸。而它们确实有效，我立刻觉得好多了。

但是，我觉得服用这些药物实在是太可笑了。我已经是一个成年人，几乎和林肯总统一样高，体重也将近200磅，而我却还在服用这种小药丸来让自己放松。我觉得自己简直像个歇斯底里的女人。

当朋友问我为什么要服用那些药丸时，我都不好意思告诉他们真相。慢慢地，我开始嘲笑自己。我说：“喂，卡梅隆·西普，你的举止像个大傻瓜。你把自己抬举得太高了，把自己那不起眼的工作看得太重要了。贝蒂·戴维斯、爱德华·鲁宾逊早在你开始做他们的宣传之前，就已经是闻名世界的大明星。假如你今晚突然暴病而亡，华纳公司和它所有的明星照样能安全地运转下去。你看，艾森豪威尔、马歇尔、麦克阿瑟，他们虽然主持全球的战争，但却不必服用药丸。而你却必须吞下那些小白药丸，才能使你保持平静，才能干好你的工作。”

我开始不服用那些药丸，并以此为荣。没过多久，我就把那些药丸扔进马桶，晚上准时回家，先小睡一会儿，然后吃晚饭。我渐渐恢复了正常的生活，再也没有去看过那位大夫。

但我欠他的太多了，远非我那次所付的高昂诊费所能相比。他教会了我如何使自己放松心情。但我认为，他真正高明之处在于避免嘲笑我，也没有直接告诉我实际上没有什么好担心的——相反，他郑重地接纳了我，给我留了面子。他只给我一小盒药丸，但他那时就已知道，而我现在也知道——并不是那些令人发笑的小药丸治好了我的病，而是我改变了自己的心理状态。

做个放得开的人

——奥利弗·泰德 纽约高等教育委员会主席

忧虑是一种习惯，一种我摒弃已久的习惯。我能够摒弃这种习惯主要应该归功于以下 3 件事：

1. 我忙得没有时间去进行自我毁灭性的焦虑。我日常有 3 个主要事务，一是在哥伦比亚大学授课，二是担任纽约市高等教育委员会主席，三是负责哈珀出版公司的经济及社会丛书部。这些工作都是全天性的，它们让我没有一点空闲去自寻烦恼。

2. 我是个想得开的人。一旦我放下手头的工作去做另一项工作，便会完全抛开以前的一切问题。我发现，投入到新的活动中令人心情振奋，使我得以休息，清醒自己的脑子。

3. 当一天的工作结束时，我会提醒自己不要把烦恼带回家，因为它们总是存在的，每天都会有一些急待解决的问题等着我去思考。假如我把它们带回家，不停地考虑它们，无疑是在摧毁自己的健康，同时也在摧毁自己解决这些问题的能力。

我训练自己从脑海中移除一切烦恼，而我也确实做到了这一点。

改变我人生的一个声音

——史坦利·琼斯 演说家、传教士

40 年来，我一直在印度从事传教工作。起初，恶劣炎热的天气令我十分难以忍受，加上任务艰巨，我的精神焦虑不安。由于心力交瘁，精神衰弱，我终于崩溃了，并且是连续多次。后来，我奉命回美国休养一年。在乘船回国途中，我在一个周日的早上进行讲道，结果精神再次崩溃了，船上的医生要求我在抵达美国之前得一直卧床休息。

回到美国休养了一年后，我再次乘船前往印度。途中，我在马尼拉稍作停顿，为当地大学生举行福音会议，这一连串会议的紧张气氛，让我的精神又崩溃了几次。医生警告我，如果我回到印度，必死无疑。我不顾他们的警告，执意继续前往印度，不过，我心里的担忧也越来越重。当我来到孟买时，精神几乎到了濒临崩溃的边缘。我不得不在山上休养了 3 个月，然后才回到平原继续我的工作。然而，我的精神又崩溃了，只好回到山上休养一段较长的时间。有所好转后，我又下山来，结果再度受到惊吓和压迫。我发现自己无法忍受山下的气氛，身心极度疲惫，完全到了“无可救药”的地步。我担心自己会变成一名精神病患者，悲惨地度过余生。

假如我无法获得其他帮助，那就只能放弃传教生涯，回美国去农场工作，以求恢复健康。那可以说是我一生中最悲惨的一段时期。

当时我在鹿克诺主持一系列会议，有一天晚上祈祷时发生的一件事彻底改变了我的生活。我似乎听到一个声音在对我说："你是否已经准备好接受我交给你的工作了？"

我回答说："不！主啊！我没有一点力量。"

那个声音又说："你把它交给我，不要再为它担心，我会安排的。"

我立即回答："主啊，就这么做吧！"

我的内心立刻产生了一种安宁的感觉，全身感到一种前所未有的轻松。那天晚上，我轻飘飘地回了家，心中充满了神圣的感觉。随后几天，我几乎忘记了自己还有肉身。我早上起来就开始工作，一直到晚上上床时还奇怪自己为什么要睡觉，我没有一丝的倦意。因为基督就在我的心中，带来了生命与平安。

我一直不太确定是否该说出这件事，但我还是说了。从那以后，我辛苦工作了许多年，但是再也没有旧病复发过。事实上，我感到自己从来没有这样健康过。不过，这绝对不是生理上的治疗。我的身、心与灵似乎都被注入了一个新的生命。这次经历使我的生命提升了一个层次，而这并非因为我做了什么，我只是坦然接纳了它。

直到最近的许多年间，我到世界各地旅行，每天通常会进行3场演讲，并且还有时间和精力撰写《耶稣在印度》以及另外11

本书。尽管如此忙碌，我从来没有耽误过任何事，也从来没有迟到过。当年曾经打倒我的忧虑全都消失了，我今天 63 岁，不仅生命力旺盛，而且以服务他人为乐。

当然，这个改变我一生的经历，完全经不起理性或心理学的推敲。不过，这没有什么关系，生命本来就比所有的过程更伟大。

我确切知道的一件事是，31 年前，我在内心最脆弱的时候听到了“把它交给我，不要再为它担心，我会安排的”的话语，而当我回答“主啊，就这么做吧”时，我的人生就彻底改变了。

挽救我婚姻的一本书

——B. R. W

我并不喜欢匿名来写这个故事，但这件事涉及太多的隐私，所以我不能使用真名。不管怎样，本书的作者可以证明这个故事的真实性。12 年前，我第一次把自己的故事告诉了他。

大学毕业后，我进入了一家大企业工作。5 年后，公司派我到太平洋彼岸的远东地区担任公司代表。

离开美国的前一个星期，我与自己心目中最甜蜜可爱的一位姑娘结了婚。但是，对我们，尤其是她来说，蜜月之旅却是十分悲惨且令人失望的。来到夏威夷时，她极度失望。她无颜面对老朋友并承认婚姻生活的失败，否则，她可能早就回美国去了。

我们一起在远东悲惨地生活了两年，我内心十分痛苦，甚至多次想到了自杀。有一天，我无意间读到了一本书，它使得我的生活有了彻底的改变。

我向来喜欢阅读。一天晚上，我去探望远东的一些美国友人，在参观他们收藏颇丰的书房时，我突然发现了韦尔迪博士所著的《理想婚姻》一书。这本书的书名让人觉得这是一本喜欢说教的假道学论文报告。不过，出于好奇，我还是翻开了它，发现书中坦诚而公开地探讨了婚姻生活中关于“性”的知识，但一点也不粗俗。

假如有谁建议我去阅读“性”方面的书籍，我会觉得那是一种莫大的侮辱。看那种书？我自己都可以写一本那样的书了。然而我的婚姻却是如此失败，我觉得自己应该认真看看这本书。于是，我鼓起勇气向主人借了那本书。现在我可以说，阅读这本书成了我人生中最重要的事情之一。我的妻子也读了这本书。它使我们濒临破裂的婚姻重新幸福快乐起来。假如我有 100 万美元，我将买下这本书的版权，印刷之后免费送给天底下的所有夫妇。

著名心理学家沃特逊博士曾经说过：“毫无疑问，性是人生中最重要的主题。大部分男女的婚姻之所以失败，也正是因为这件事。”

假如沃特逊博士是正确的，为什么我们每年还要让千百万对性一无所知的年轻人走进婚姻的殿堂，从而破坏婚姻生活幸福的机会呢？

假如我们希望了解婚姻生活中的问题，应该去看看汉密尔顿博士和麦克格文博士合著的《婚姻的问题》一书。为了写这本书，汉密尔顿博士花了 4 年时间去调查婚姻中的问题到底出在什么地方。他说：“只有那些看法片面、缺乏实事求是的研究态度的精神病医生，才会否认糟糕的婚姻生活不是由性生活的不协调造成的。不管怎样，假如性生活本身获得了满足，婚姻生活中的许多问题便易于解决。”

韦尔迪博士所著的这本挽救了我婚姻的书，可以在许多大图书馆找到，在书店也能够买到。假如你想要给某对新人送份礼物，与其送雕塑，不如送上这本书，它比雕塑更有助于他们婚姻的幸福。

我住在安拉的乐园

——R. V. C. 勃德莱《撒哈拉之风》《先知》的作者

1918 年，我离开自己熟悉的生活环境，来到非洲西北部，与阿拉伯人一起住在“安拉的乐园”——撒哈拉。我在那里居住了 7 年，掌握了那些游牧民族的语言。我在衣食住行方面完全按照他们的方式，过去 20 年间几乎没有改变过。我成了羊群的主人，睡在阿拉伯人的帐篷里。我还深入研究了他们的宗教。后来，我甚至写了一本有关穆罕默德的书——《先知》。

与这群流浪的牧羊人一起生活的 7 年，可以说是我一生中最安详、最充实的一段时间。

我以前过着经济宽裕、丰富多彩的生活：我的父母是英国人，不过我出生在巴黎，并在法国生活了 9 年。

后来，我就读于伊顿学院和皇家军事学院，之后作为英国陆军军官在印度待了 6 年，我在那里打马球、打猎，并常到喜马拉雅山去探险。我参加了第一次世界大战。战争结束时，我被选派参加巴黎和会，成了一名助理军事武官。然而，在当地耳闻目睹的事实令我感到震惊和失望。在西方前线的 4 年战争生涯里，我始终坚信我们是为了维护人类的文明而战。然而，我在巴黎和会上亲眼看见那些自私自利的政客给第二次世界大战埋下了导火线——每个国家都在竭力争夺土地，制造国与国之间的仇恨情绪，并再度掀起秘密外交的各种阴谋活动。

这些都使我开始厌倦战争，厌倦军队，并厌倦这个社会。有生以来，我第一次失眠了，不知道该怎么做才好。洛伊·乔治劝我从政当官，我差点接受了他的建议，但紧接着发生的一件怪事改变了我后来7年的人生轨迹。这件事基于一次不到4分钟的谈话——谈话对象是泰德·劳伦斯，也就是第一次世界大战中最富浪漫色彩的“阿拉伯的劳伦斯”。他曾经和阿拉伯人一起住在沙漠里，他建议我也这样做。这个建议对我来说有点奇怪。

不管怎样，我已下定决心离开军队，所以必须找点事做。可以想象，私人企业家不会想要聘请我这样从正规军队退伍的军官，何况当时求职者多得不计其数。于是，我听从劳伦斯的建议，与阿拉伯人住在一起。我很庆幸自己这样做了，因为他们教会了我如何克服忧虑。

我希望与大家分享一下我住在撒哈拉时经历的一场炙热暴风。那场暴风接连刮了3天3夜，风势十分猛烈、强劲，撒哈拉的沙子甚至被风吹过地中海，吹到了几百里远的法国的隆河河谷。在酷热难忍的暴风中，我感觉自己的头发几乎被烧焦，喉咙干痛不止，眼睛像被针刺一样疼痛，嘴里全都是沙子。我被折磨得快要发疯了，就像站在玻璃厂的熔炉前一样，不过还勉强保持着清醒。

暴风结束后，他们马上行动起来：杀死所有的小羊，因为小羊肯定是活不了了，杀了它们还可以挽救母羊。他们杀死小羊后，把羊群赶到南方喝水。他们平静地面对一切，对于自己的损失没有丝毫抱怨或哀伤。一位部落酋长说："这已经算好的了。我们本来会损失所有的东西，但是感谢安拉，我们还留下了40%的羊群，一切都可以从头开始。"

还有一件事令我印象深刻：有一次，我们乘车横穿大沙漠，途中有一只轮胎爆了。不幸的是，司机忘了带备用轮胎。这样一来，我们只剩下3只轮胎。我又急又怒，烦躁地问那些阿拉伯人该怎么办。他们对我说，发怒没有任何作用，只会让人觉得更热。他们说，车胎爆破是安拉的旨意，没有任何办法。于是，我们只好继续往前走，只靠3只轮胎前进。过了没多久，车子又停了下来，因为汽油也用光了。酋长只说了一声："麦克托伯！"他们没有因为司机未带上足够的油而冲他大吼大叫，而是保持冷静。最后，我们步行抵达了目的地，一路上还不停地唱着歌。

与阿拉伯人一起生活的7年，使我感觉到，美国和欧洲之所以普遍存在精神错乱、疯狂和酗酒的现象，正是匆忙、烦忧的文明生活所造成的。

当我身处撒哈拉时，烦恼就与我无缘。我在这个"安拉的乐园"找到了心理上的满足和肉体上的健康，而这些正是大部分人可望而不可即的东西。

很多人嘲笑宿命论，也许他们是正确的，但是又有谁知道呢？我们经常可以看出，每个人的命运早就注定了。打个比方，假如我在1919年那个闷热的8月午后没有与阿拉伯的劳伦斯交谈几分钟，我后来的人生道路将与此截然不同。而今回首过往，我发现那些自己无法控制的事件始终影响着我的生活。阿拉伯人说，这就是"吉斯米特"——安拉的旨意。你可以随心所欲地称呼它。我唯一知道的是，它确实会对你产生神奇的影响。我已经离开撒哈拉 17 年了，但仍然维持着从阿拉伯人那儿学来的生活乐趣——愉快地接受不可避免的事情。这种生活哲学比服用 1000 颗镇静剂更能安抚我那紧张不安的情绪。

我们既不是伊斯兰信徒，也不是宿命论者，但是，当我们的生活遭遇强烈炙热的狂风，而我们又无法躲避时，不妨欣然地接受不可逃避的命运。当然，记住事后一定要尽快收拾残局。

不要为打翻的牛奶哭泣

——荷马·克洛伊 小说家

我一生中最悲惨的一天发生在 1933 年，当时警长从前门进来，我从后门溜走。我失去了长岛的家园，那是我的儿女出生、我们一起生活了 18 年的家。我无法相信这种事会降临到我的头上。

12 年前，我还志得意满，把我的小说《水塔西侧》的电影版权卖给了电影公司，价钱堪称好莱坞之冠。我们一家住在国外已经两年了。夏天我们到瑞士避暑，冬天在法国逍遥——像个富翁一样。

在巴黎，我花 6 个月的时间完成了一本小说，由威尔·罗杰斯主演，那是他的第一部有声电影。电影公司邀请我留在好莱坞为罗杰斯的电影再写几部剧本，但我拒绝了，之后回到纽约，我的麻烦也开始了。我渐渐觉得自己有一种沉睡已久的潜能未加发展，我把自己想象为一个成功的生意人。有人告诉我，约翰·雅各布·阿斯特投资纽约空地赚了几百万美元。阿斯特是何许人？不过是一个带着外国口音的移民。他都能做到，我为什么不能？

我要发财！我开始阅读游艇杂志。

我对房地产买卖的了解并不比一个爱斯基摩人多。我到哪里去筹集一笔钱来开始这项事业呢？答案很简单：把我家的房子抵押出去，买下一片地，等到价钱好时售出，我就可以过上奢侈的生活了。对于那些在办公室里任劳任怨干活领薪水的人，我充满了同情。显然，上天只赐给了我这种理财的天分。

突然间，大萧条就像飓风一样席卷过来。我每个月就得为那片土地缴 220 美元的税，而一个月的时间过得可真够快的。除此之外，我还得支付抵押贷款，并维持全家的生计。我开始担心起来，我想为杂志写些幽默小品，无奈下笔沉重，一点也不好笑。

我什么都卖不出去。我的小说也卖得很差。钱很快就用完了，除了打字机及牙齿的镶金以外，我再也没有可以变现的东西。牛奶公司不再送牛奶，煤气公司也给断了气，我们只能改用露营用的小瓦斯罐，它喷出火焰时带着嘶嘶的声音，好像一只发怒的鹅。我们没有煤可以用，唯一可以取暖的工具就是壁炉。晚上我会到有钱人盖房子的工地去捡拾木板木条，而我曾经是那些人中的一分子。我担心得睡不着觉，经常半夜起来来回踱步，把自己搞得很累再回去睡觉。我不但损失了我买下的土地，还赔上了所有的心血。

银行扣押了我的房子，我和家人只能流落街头，最后我们总算弄到一点钱租了一个小公寓。1933 年底，我们搬了进去。我坐在行李箱上看着四周，母亲常说的一句老话在耳边响起："别为打翻的牛奶哭泣。"但是，这不只是牛奶，这是我一生的心血啊！呆坐了一会儿，我告诉自己："我已经跌到了谷底，情况不可能再变坏，只会逐渐转好。"

我开始想还有什么自己没有失去的东西。我还拥有健康与朋友。我可以东山再起，我不再为过去而难过，我要每天用母亲常说的那句话提醒自己。我把忧虑的时间和精力投注到工作上，情况一点点地改善了。我现在要感谢我有机会经历那样的劣境，因为我从中得到了力量与自信。我现在知道什么是跌到谷底，我也知道这无法打垮人。我更清楚我们比自己想象的还要坚强得多。

现在再遇到什么小困难、小麻烦，我总会想起自己坐在行李箱上对自己说过的话："我已经跌到了谷底，情况不可能再变坏，只会逐渐转好。"这些小事再也不会令我烦恼了。

不要为过去的事烦恼！接受不可避免的事实！当你不能再下坠时，就只有上升这一条路！

99%的烦恼其实不会发生

——布莱克伍德 大卫斯商业学院创始人

1943年夏季，世界上大多数的烦恼似乎都降临到了我的头上。

40年来，我的生活一直很顺利，只有一些为人夫、为人父及生意上的小麻烦，通常我也能从容应付。可是，突然间，接二连三的打击向我袭来，我因为下面这些烦恼整夜辗转难眠。

1. 我的商业学校面临着严重的财务危机，因为男孩都参军去了。许多没有接受过商业培训的女孩，在武器工厂赚的钱比我们学校的毕业生去公司上班赚的还要多。

2. 我的长子也在军中服役。如同所有儿子出外作战的父母一样，我非常牵挂、担忧他。

3. 俄克拉荷马市政府正计划征收一大片土地建造机场，我的房子——从我父亲那里继承来的——正位于这片土地的中央。我能拿到的赔偿金只有市价的1/10，更惨的是，我将失去我的房子，加上城市里房源缺乏，我很担心自己无法找到一个足以容纳六口之家的房子。说不定我们得住在帐篷里，我甚至担心自己是否有能力购置帐篷。

4. 我农场里的水井干枯了，因为我的房子附近正在开挖一条大排水沟。如果花500美元重新挖一口井，无异于把钱丢进水里，因为这块土地也许会被征用。我已经接连两个月每天早上都得运水去喂牲口，说不定在战争结束前必须每天都这么做。

5. 我住在离商业学校10英里远的地方，基于战时的规定，我不能买新轮胎，所以我总担心自己那辆过时的福特车会在前不着村后不着店的荒地中抛锚，那样我就无法上班了。

6. 我的大女儿提前一年高中毕业，她想要念大学，但我却拿不出学费，她一定会很伤心。

一天下午，我正坐在办公室里为这些事头疼，忽然决定把它们全都写下来。我倒不怕给自己一个奋斗的机会去解决这些问题，只是这些困难好像已经超出了我的能力范围。看着这些问题，我觉得束手无策，只好把这张烦恼事项单收起来。

就这样，几个月过去了，我几乎忘记了这件事。一年半以后，有一天我整理东西，又看到了这张列有一度令我精神崩溃的6大烦恼的清单。我颇有兴致地看了一遍，获益良多。我发现所有的困难都不复存在，其中没有一件是真正发生过的。这6大烦恼的发展情形如下：

1. 我发现担心商业学校无法办下去是没有任何意义的，因为政府开始拨款训练退役军人，我的学校不久就招满了学生。

2. 我发现担心从军的儿子也没有意义，因为他毫发无损地回来了。

3. 我发现担心土地被征收也是多余的，因为我的农场附近发现了石油，因此建造机场的计划停了下来。

4. 我发现担心没有水井打水喂牲口是没有必要的，当我得知土地不会被征收后，我马上花钱挖了一口新的水井，水源不绝。

5. 我发现担心车子的轮胎破裂是不必要的，因为我懂得小心保养、维护，倒也维持了下来。

6. 我发现担心女儿的教育经费是没有意义的，因为就在大学开学的前6天，有人奇迹般地给我提供了一份查账的工作，可以利用课后的时间兼职。这份工作帮助我筹足了学费。

我以前也听人说过，99%的烦恼都不会发生。我对此一直不以为然，直到我再次看见自己的这张烦恼清单，才完全信服。虽然我白白为这些烦恼而担忧，但我还是觉得很值，因为我学到了一个永生难忘的经验，体会到了一个深刻的道理——为了根本不会发生的事而饱受煎熬，是一件多么悲惨的事情啊！

请记住，今天正是你昨天所担心的明天。问问自己：我怎么才能确定自己所担心的事真的会发生？

每次只做一件事

数年前，我发现逃避忧虑并不能真正摆脱忧虑，不过，改变心态却可以消除忧虑。因为忧虑并非来自外部，而在于自身。

随着时间的流逝，我发现时间已经自动消除了我的大多数忧虑。实际上，我经常发现要记住一个星期以前的忧虑是件很困难的事情。于是，我给自己定下一个原则——永远不要因一个问题而烦恼一个星期。当然，我不可能轻易将一个问题从大脑中清除一个星期，但我不会让它控制我的思想，或者让问题自行解决，或者改变心态，让它主动远离自己。

威廉·奥斯勒爵士的名言对我帮助很大。他是一名伟大的医生，也是生活这门最伟大的艺术的艺术家。他在一次欢迎晚宴上说："我的成就归功于有能力解决今天的问题，尽力干好现在的工作，不要担心将来。"这句话极大地帮助我消除了忧虑。

我在处理烦恼时常将父亲对我讲的一只老鹦鹉说的话当成自己的座右铭。父亲对我说，在宾夕法尼亚的一个猎人俱乐部，有一只鹦鹉被挂在门廊上方的笼子里，只要俱乐部的成员穿过门廊，这只鹦鹉就会一再重复它唯一会说的话："每次只做一件事，先生！每次只做一件事！"父亲教导我在处理自己的烦恼时应该"每次只做一件事"。我发现，每次只处理一件事情有助于我保持平静，承担压力和繁杂的工作。"每次只做一件事！"

下决心做最快乐的人

——凯瑟琳·哈尔特 家庭主妇

我的幼年一直笼罩在恐惧当中。我的母亲心脏不好，我经常看见她昏倒在地板上。我们都害怕她会离我们而去，我一直以为没有母亲的小女孩，会被送进我们镇上的孤儿院。想到可能会被送进孤儿院，我就吓坏了。6岁的我最常祈祷的就是："亲爱的天主！请保佑我妈妈活到我大得不用进孤儿院的时候。"

20年后，我的弟弟梅纳受了重伤，他去世前两年一直饱受痛苦的折磨。他无法自己进食，也不能翻身。为了减轻他的痛楚，我不分日夜，每隔3个小时就要为他注射吗啡。我为他注射了两年。我在一所学院教音乐。邻居们一听到我弟弟痛苦的叫声，就会打电话到学校来，我就赶紧冲出教室，回家为他再做一次注射。每天晚上上床前，我把闹钟定在3个小时以后，以便起床为他注射。冬天的晚上，我会把一瓶牛奶放在窗外，把它冻得像冰淇淋，我很爱吃。闹钟响起时，窗外的冰淇淋也是一种促使我起床的动力。

在这两种经历中，我做了两件事使自己免于自怜、忧虑或怨天尤人。第一件是，我每天教音乐 12 ~ 14 小时以保持忙碌，这样我就没什么时间忧虑了。每当我觉得自己快要开始忧虑的时候，就一遍又一遍地告诉自己："听着！只要你还能动、能吃、没有痛苦，你就应该是世界上最开心的人了。不论发生什么事，重要的是你还活着！千万不能忘记这一点。"

我决心尽我所能来培养感恩的态度，无论是有意识的还是潜意识的。每天早晨醒来，我先感谢天主，我能够下床走路，做早餐给自己吃。不管有什么烦恼，我都下决心做全镇最快乐的人。我可能没有达到这个目标，但我确实成了全镇最懂得感恩的人——而我同事的烦恼应该不会比我多吧！

乐观克服了胃溃疡

——亚当·夏普

5年前，我因忧虑而病倒了。医生说我得了胃溃疡，嘱咐我吃简单的饮食，我得喝牛奶、吃鸡蛋。然而，我并没有康复。有一天，我读到了一篇讨论胃癌的文章，疑神疑鬼地觉得自己的症状与之极为吻合。现在我倒不担心了，取而代之的是惊恐。在这种情况下，我的胃溃疡显然只会更加恶化。

24岁时，我因为体能不符合标准而被陆军拒收。在人生的盛年，竟然被人当作病夫，这对我是个不小的打击。我的心情跌到了谷底，看不见任何转机。绝望之余，我开始分析自己怎么会陷入这样的困境，并慢慢看出了一些端倪。

两年前，我还是一个开心健康的销售员，但战时物资的短缺，迫使我放弃了业务工作，到工厂谋了份差事。我一点也不喜欢工厂的工作，更糟糕的是，我不幸又结识了一批更消极的人。他们对任何事情都不满意，觉得没有一件事是对的，他们不停地咒骂工作，诅咒待遇、工时、老板及每一件事。我在无意中也感染了这些负面情绪。我越来越觉得我的胃溃疡可能是由消极的思想、不满的情绪引起的。于是，我决定重新干回自己喜欢的销售工作，尽量与思想积极的人来往。

这个决定可能挽救了我。我有意结识乐观积极、没有烦恼没有胃溃疡的朋友和同事。

自从我转换了情绪，我的胃的情况也渐渐有了改善。几个月后，我几乎忘记自己曾经患过胃溃疡。我发现我们很容易从旁人那里得到健康、快乐与成功，正如我们很容易得到忧虑、不满与失败一样。

这对我是最重要的一课，真希望我能早点了解这一点。过去我不止一次听过、看过这种说法，但我却必须以艰辛的方式来学会。我体会到了天主的深意，他说："人，是他自己心中思想的产物。"一个人是他思想的产物，消极的思想与不满的情绪会引起胃溃疡。

洗碗得到的启示

——威廉·伍德 牧师

多年来，我因严重的胃痛而饱受折磨，经常在夜里醒来数次，翻来覆去无法成眠。我的父亲因胃癌而去世，因此我也担心自己得了胃癌，或者至少也是胃溃疡。

为此，我在一家诊所接受了检查。一位著名的胃病专家用荧光镜和 X 光检查了我的胃部，并给我开了一些药丸，以改善我的睡眠。他反复向我保证，我没有染上胃癌或胃溃疡。他说，我之所以胃痛，只是因为精神过于紧张。我是一名牧师，因此他的第一个问题是："你在自己的教堂中是不是十分活跃和忙碌？"

确实，我的工作太忙了，我要负责每个星期天的讲道和教堂的各种活动，同时还担任红十字会主席、吉瓦尼斯俱乐部会长。此外，我每周还要主持两三次葬礼，以及其他各种活动。

我的工作压力很大，心情总是无法放松。紧张、匆忙的生活，使我几乎到了凡事皆烦恼的地步。我一直生活在战栗之中，痛苦不堪，因而十分乐意接受医生的建议。每个星期一我都自动休假，同时减少各种活动。

有一天，我在清理书桌时突然想到了一个好主意。当时我在清理一堆旧的备忘条和没用了的讲道重点的小纸片，我把它们揉成一团扔进垃圾桶。突然，我停了下来，对自己说："威廉，为什么不把你担心的事也一起扔进垃圾桶呢?"这个灵光一现的想法，使我如释重负。从那以后，我给自己定下了一个规则——凡是无能为力的事，一概置之不理。

不久后的一天，我在妻子洗碗时帮忙擦碗，突然又产生了另一个奇妙的想法。我的妻子一边洗碗一边唱歌，我对自己说："瞧，威廉！你的妻子多么快乐，你们结婚18年，她也洗了18年的碗。假如你们结婚时，她就知道自己未来18年要洗的碗会堆得连仓库都放不下，这个现实一定会吓跑所有的女人。"

我还对自己说，我的妻子之所以愿意洗碗，是因为她每次都只洗当天的碗。我发现了自己的问题所在，那就是，我总想洗干净今天的碗，还想洗干净昨天的碗，甚至打算洗那些尚未弄脏的碗。

这种行为是多么的愚蠢！尽管我在每个星期天的早上都站在讲台上，告诉人们如何有意义地生活，而我自己却只知道一味地紧张、匆忙和烦恼。我为自己感到羞愧。

现在我不再烦恼了，胃痛和失眠也离我远去。我把昨天的焦虑全部揉成一团，然后将它们扔进垃圾桶，与此同时，我再也不在今天清洗明天的碗。

不知道你是否记得这句话："明天的烦恼，加上昨天的、今天的烦恼，就造成了最沉重的负担。"

找寻人生的绿灯

——约瑟夫·柯特 推销员

从我还是一个小男孩开始，直到成年之初以及成年阶段，我都是一个“烦恼大王”。我有着许许多多、千奇百怪的烦恼，有的是真正的烦恼，但绝大多数只是庸人自扰而已。几乎所有事情都会令我烦恼，于是，我开始担心自己是不是遗漏了什么东西。

两年前，我选择了一种新的生活方式。这种生活方式要求我对自己的过错和极少数的美德进行自我分析，以便对自己有个全面的了解。这样一来，我就弄清楚了所有烦恼的原因。

事实是这样的：我不只是为今天而活。我既为昨天的错误感到后悔，又对将来充满恐惧。总会有人对我说：“今天就是你在昨天所忧虑的明天。”不过，我对这句话并没有多深的体会。还有人劝我尽量忙碌起来，这样就不会有时间去烦恼了。这些建议都很正确，但我却很难成功地应用它们。

接着，我就像突然在黑暗中找到了光明一样，找到了答案！想知道我是从哪儿找到的吗？告诉你，是1945年5月31日晚上7点，在西北铁路公司的一个站台上。这对我来说是一个十分重要的时刻，因此我印象十分深刻。

当时我们送刚度完假的朋友去乘坐火车，他们打算乘“洛杉矶号”快车回去。当时战争仍在继续，车站里人头涌动。我的妻子上车去送朋友，我没有跟上去，而是沿着轨道走向火车头。我站在那里看着闪亮的庞大引擎，然后把目光转向铁道前方，发现了一座巨大的灯号台，当时显示的是黄灯。突然，黄灯变成了鲜艳的绿色。与此同时，火车鸣响了汽笛，站务人员高喊道："全部上车!"接着，巨大的快车在几秒钟内开始驶出车站，开始了长达2300里的旅程。

我的大脑开始旋转，似乎有人要向我证明什么。这是一次神奇的经历。我顿时恍然大悟。那位火车司机给了我一个寻找已久的答案。他在一盏绿灯的指引下踏上漫长的旅程。假如换成是我，我会希望整个旅程都是绿灯。当然，这是不可能的，而我对生活的期望却正是如此——坐在人生的车站里，哪儿也去不了，因为我急切地想要知道前方到底是什么情形。

我思绪万分。火车司机从来不会担心几里外可能遇到的麻烦。也许等一下会误点、延迟，但那正是设立讯号系统的原因所在，不是吗?黄灯表示减速，不能着急；红灯表示前方有危险，应马上停下来。优秀的讯号系统正是为了保证火车运行的安全。

我想，为什么不为自己的人生设立一个良好的讯号系统呢?我知道我生来就拥有这一套系统，这是上帝赐予我的，本身不存在什么问题。我开始找寻绿灯，但要到哪里才能找到呢?既然上帝创造了绿灯系统，不如就问他好了。

从那以后，我每天早晨都做祈祷，希望找到自己当天的绿灯。有时我会得到要我减速的黄灯，有时还会得到禁行的红灯，以免情况变得更加严重。

两年前的这一发现，使我不再自寻烦恼。这两年间，我的生活中出现了很多绿灯，我不再担心下一站会是什么颜色的灯，这使我轻松了许多。不管遇到什么颜色的灯，我都能够轻易地应对。

逃离死亡

——约瑟夫·瑞恩 罗维尔打字机公司国外部经理

几年前，因为给一桩官司担当证人，我的精神十分紧张和烦恼。官司结束后，我乘火车回家，突然就得了非常严重的病——心脏病！我发现自己无法呼吸。

回家后，医生给我打了一针。当时我并没有躺在床上——我走到客厅就再也走不动了。等我清醒过来，发现教区的牧师已经在为我准备最后的洗礼了。

我知道自己时日无多，因为家人的脸上都布满了悲伤的表情。后来，我得知医生告诉我的妻子，我可能会在半个小时内去世。我的心脏十分虚弱，因此医生嘱咐我不要说话，连手指也不要动。

我并非圣人，但也懂得不要跟上帝争辩。因此，我闭上眼睛："就按您的旨意……假如就是现在，就按照您的旨意吧！"

刚产生这种想法，我全身似乎马上放松了。我不再惶恐不安，我已经准备好了面对最差的状况。也许会有一阵绞痛，然后一切就都过去了，我将在造物主的怀抱里享受真正的安宁。

我躺在客厅的沙发上等了一个小时，但并没有等到那一阵疼痛。最后，我开始问自己，假如现在不死的话，我对生活有什么计划？我决定竭尽所能地恢复自己的健康，而不是用紧张和烦恼来摧残自己，我要重建自己的力量。

转眼 4 年过去了，我的健康恢复极快，连医生都对我的表现极为称赞。我再也不自寻烦恼了，对生命也有了新的诠释。不过，我得承认，假如我没有在死亡线上挣扎过，并试图追求进步的话，也许我已经不在人世了。假如我没有经历最糟糕的情形，我想我已经死于自身的恐慌。

做个乐观主义者

——罗杰·巴布森 经济学家

每当我对自己目前的处境感到沮丧时，我可以在一个小时内抛除一切烦恼，让自己乐观、自信地面对生活。

我来到自己的书房，闭上双眼，走到历史书籍的书架前。我的眼睛仍然闭着，伸手取出一本书——我不知道自己拿的是普里斯科特所著的《征服墨西哥》，还是斯托尼所写的《恺撒生平》。我继续闭着双眼，随意翻开一页，然后睁开眼睛，读上一个小时。在阅读中，我体会到这个世界上痛苦无处不在，人类文明一直濒临毁灭的边缘。历史充满了悲剧：战争、饥荒、穷困、瘟疫。

阅读一个小时的历史，使我了解到，即使眼前处境恶劣，实际上也比以前要好得多。这使我能够从好的一面看待自己所面临的困难，知道这个世界正不断地朝更好的方向发展。

这种方法值得用整整一章来详细描述。

所以，阅读历史吧，试着将你的眼光扩展到1000年之远——从永恒的观点来看，你将会发现你的烦恼根本不值一提。

运动是烦恼的最佳解药

——温迪·伊甘上校 前奥林匹克轻重量级拳王

一旦我发现自己烦恼不已，或反复思考一件无聊的小事，就像一只骆驼在漫无目的地兜圈子，我便会通过高强度的体能运动来帮助自己驱逐这些烦恼。

这些活动可以是跑步，也可以是乡村徒步远足，也可以是打半小时的沙袋，或在体育场上打网球。无论是哪一种，我的精神总是能因此重新振奋起来。肉体疲倦时，精神便也能够得到休息。这样一来，当我重新回到工作岗位上时，整个人都充满了活力，变得神清气爽。

我在纽约市上班，经常有机会去健身房。一个人不可能一边玩回力球或滑雪，一边想着自己的心情，所以运动时，他肯定无暇顾及自己的烦恼。原本阴霾密布的烦恼，只剩下几朵乌云，新的想法与行动使它很快消失殆尽，变得万里晴空。

毫无疑问，运动是烦恼的最佳解药。当你烦恼时，多用肌肉，少伤脑筋，结果会出乎意料的好。对我来说，运动的开始正是烦恼离去的时候。

我是怎样消除自卑感的

——艾摩·托马斯 美国参议员

15 岁时，我饱受烦恼、恐惧、自卑的折磨。当时我的身高相对于我的年龄来说实在是太高了，而且我瘦得像竹竿一样。我身高 6.2 英尺，体重却只有 118 磅。我长得虽然很高，但身体却很瘦弱，无法和其他男孩在棒球或田径比赛上竞争。他们嘲讽我，给我取了个绰号叫“瘦脸”。我忧郁自卑，以致不敢面对任何人。事实上，我也甚少与人见面，因为我们的农场远离公路，四周都是茂密的树林。我们的住处距离公路半里远，所以我经常一连七八天都只见到我的父母和兄弟姐妹，见不到任何陌生人。

假如我任由这些烦恼和恐惧侵袭我的内心，我很可能成为一个彻底的失败者。每时每刻，我都在担心自己高瘦虚弱的身体。我无法思考别的事情。我难以形容自己内心的自卑与恐惧。我的母亲了解我的感受。她曾经在学校教过书。她告诉我：“孩子，你应该去上学。你应该依靠自己的大脑生活，因为你的身体不好。”

然而，父母没有能力送我去读大学，我只能自己想办法。我在冬天捉了一些貂、浣熊、鼬鼠类的小动物，在春天卖掉这些兽皮得了4美元，然后再买回两头小猪，养大后在次年秋季卖了40美元。我用这笔钱在印第安纳州上了师范学院。住宿费是每周1.4元，房租每周0.5元。我身上穿的破旧衬衫是妈妈做的（为了不显脏，她特意用了咖啡色的布），外套是父亲以前穿过的，他的旧外套、旧皮鞋对我来说都不合适，皮鞋旁边的松紧带已经完全失去了弹性，弄得我一走路鞋子随时都有可能滑落。我怯于和其他同学交往，于是整天待在房间里学习。我内心深处有一个最大的愿望，那就是有一天能在服装店买件合身体面的衣服来穿。

不久，我的自卑感因为几件事而消失了，其中有一件给了我勇气、希望与自信，改变了我的人生。这些事件的经过如下：

第一件，我在进入师范学院不久参加了一项考试，获得了一个“三等证书”，使我有资格在乡村公立学校任教。这张证书的期限虽然只有半年，但它表明了某人对我的信心——这是除了母亲之外，第一次有人对我表示信心。

第二件，一所位于“快乐谷”的乡村学校的董事会聘请了我，每天的薪水是2美元，月薪40美元。这更表明有人相信我。

第三件，领到人生中的第一份薪水后，我在商店里买了一些衣服，穿上它们，使我不再觉得羞耻。我终于敢抬起头，挺起胸与身边的人交往，这增强了我的信心。

第四件，我生命中真正的转折点——我对抗忧愁和自卑所赢得的第一次胜利。当时，印第安纳州班桥镇每年都会举行“普特南郡博览会”。这一年，母亲鼓励我参加其中一项公开演说比赛。这个想法对我来说无异于异想天开。我甚至没有勇气跟一个人面对面交谈，更别提面对一大群人了。然而，母亲对我充满了信心，她相信我有着远大的前程——她是为自己的儿子而活的。在她的鼓励下，我毅然地参加了比赛。我以《美国的自由艺术》为演讲题目。老实说，刚开始我并不知道何为自由艺术，但我相信我的听众们也不明白。我将自己那份辞藻华丽的讲稿背得滚瓜烂熟，并对着树木和牛练习了 100 遍以上。我迫切想要在母亲面前好好表现一番，因此，演讲时我饱含着深厚的感情，结果，我得了第一名。我几乎不敢相信自己的耳朵。观众席中响起了一片欢呼声。那些曾经嘲笑我，叫我“瘦竹竿”的男孩，现在拍着我的背说：“艾摩，我早知道你能行。”母亲搂着我，高兴得热泪盈眶。

回首过往，那次演说可以说是我人生中的一个转折点。当地一家报纸以头版文章刊登了我的故事，并且预言我前途无量。这次演说的胜利使我在当地得到了人们的肯定，更重要的是，它令我信心倍增。假如没有那一次的成功，我不可能成为国会议员，这次经历提升了我的勇气，开拓了我的视野，并使我意识到自己拥有一些以前从来不敢想象的才华。其中最重要的是，这次演讲的胜利为我赢得了一年的中央师范学院的奖学金。

我开始渴求学到更多的知识，因此，随后的几年间——1896 年至 1900 年——我把时间和精力投入到教学与研究上。为了筹够上大学的学费，我在夏天到麦田、玉米田里工作，并参加道路工程。

1896 年，年仅 19 岁的我已经发表过 28 场演说，鼓励人们投票选举威廉・詹宁斯・布莱恩为美国总统。为布莱恩发表的助选演说令人振奋，也使我进入了政界。进入迪保大学后，我主修法律及公众演说。1899 年，我代表学校与一所大学进行辩论，主题是“国会议员是否应该开放全民投票”。曾经是演说冠军的我，被选为学校年刊及学校报纸的主编。

大学毕业后，我在俄克拉荷马州开办了一家律师事务所，接办一些印第安保留区的法律问题。我为州议会服务了 13 年，并为下议院服务了 4 年。50 岁时，我终于实现了自己的抱负——成功当选为俄克拉荷马州的国会议员。我于 1927 年 3 月 4 日上任。自 1907 年 11 月 16 日俄克拉荷马与印第安保留区合并为一州，我经常受到民主党的提名肯定，先是提名为州议员，后来又成为国会议员。

我讲述自己的往事，并非想要炫耀什么，只是希望能够让那些自卑而烦恼的年轻人鼓起勇气，增强信心。因为我深深地明白，当我穿着父亲的旧衣服和那双总是掉落的大鞋子时，那种烦恼和自卑几乎毁掉我的人生。

富兰克林处理问题的方法

——本杰明·富兰克林 美国政治家、科学家

以下是本杰明·富兰克林写给约瑟夫·普里斯特莱的一封信。当时后者正受邀出任休伯尼伯爵的图书馆主任，因而特地写信向富兰克林请教。富兰克林在回信中详细解答了如何消除烦恼的问题。

亲爱的先生：

由于你在信中请教的问题对你是如此的重要，因此，在没有充分准备的情况下，我不敢贸然告诉你应该怎样做，不过我可以告诉你如何解决问题。

困难之所以难以解决，主要是因为我们在思考这些问题时，没有同时考虑这些问题的正反两面。有时仅有部分原因自动出现，有时另一个原因出现了，而前一个又不见了，所以我们难免考虑不够周全，各种困惑和烦恼也随之产生，令人左右两难。

对于这种情形，我的做法是，将一张纸用线分成两个部分，其中一部分是正面的理由，另一部分是反面的理由。在接下来的

三四天里，不管想到哪一边的理由，我都会马上写下来，最后再进行总览，便能够衡量出两者孰轻孰重。假如两边的某个理由差不多，便去除这一项；假如一个正面的理由足够抵消两个反面的理由，便把这三项都去除；假如两个反面的理由足够抵消三个正面的理由，便再把这五项都去除。如此这般，最后便能得出一个结论。经过一两天的考虑，假如没有任何重要因素需要加入，我就依照那个结论作出决定。这种比较法虽然做不到绝对准确，但其中个别性与相互性的考量，有助于我们看清全局，作出更好的判断，不至于草率行事。事实上，我在这种“德智代数法”中获益良多。

真诚地希望你能作出最明智的决定，我永远是你忠实的好友！

本·富兰克林

伦敦，一七七二年九月十九日

一个真正的奇迹

——约翰·柏吉夫人

我被烦恼彻底打败了。我的脑子一片混乱，感觉生活没有任何乐趣。我的精神十分紧张，晚上无法入眠，白天也休息不好。我有 3 个孩子，但他们和亲戚住在一起，与我离得很远。最近我的丈夫刚从军队退役，独自在外地居住，准备成立一家法律事务所。我觉得自己已经感染了战后恢复时期那种缺乏安全感、惶恐困惑的情绪。

不仅是我个人的生活，我丈夫的事业及我们正常的家庭生活，都受到了我这种情绪的影响。我的丈夫无法找到合适的房子，只好自己建了一栋。现在一切都准备妥当，只等我恢复健康了。然而，我对这种情况了解得越多，越想努力恢复，对于失败的恐惧也就越来越严重。我对所有事情都怀着一种深切的负罪感，觉得再也无法相信自己，觉得自己彻底失败了。

就在我感觉生活看不到一丝希望的时候，我的母亲为我做了一件事，对此我将终身感激。她督促我重新振作起来，责备我的软弱无力，她向我提出挑战，说我逃避现实，不知道脚踏实地地过日子。

在她的刺激下，我开始与自己作战。那个周末，我请父母回家去，因为我将独自照顾这个家。这看来似乎不太可能，然而我做到了。我开始自己照顾两个年幼的女儿，我的睡眠好多了，胃口也好了起来，精神渐渐恢复了。一个星期后，我的父母来看望我，发现我正一边熨衣服，一边哼着歌。我感到很幸福，因为我开始作战，并且打赢了这场战斗。这是一次令人难以忘怀的经历……假如事情很困难，你唯有面对它，才有可能打败它。开始奋斗，永远不要放弃。

从那以后，我强迫自己去工作，全身心地投入到工作中去。后来，我接回了所有的孩子，和丈夫一起搬进了新建好的房子。我确信自己可以恢复健康，让可爱的孩子拥有一位健康、快乐的母亲。我将全部精力放在自己的家、孩子、丈夫以及所有的事情上，制订各种计划。我忙得几乎无暇顾及自己。

就这样，一个真正的奇迹发生了——我的身体越来越强健，每天早上醒来，我的内心都充满了喜悦：富足的喜悦、为新的一天描绘的喜悦、生活的喜悦。尽管我偶尔也会有难过的时候，特别是当我疲倦的时候，但我对自己说，不要胡思乱想。慢慢地，我沮丧的时候越来越少，最终完全消失了。

一年后，我重新获得了一位成功、快乐的丈夫，一个温暖的家和 3 个健康快乐的孩子。而我本人也很快乐幸福。

克服忧虑的 5 个方法

——威廉·里奥·菲尔普 教授

（在耶鲁大学的菲尔普教授去世前不久，我与他畅谈了一个下午。以下是他驱除烦恼的 5 个方法。）

1. 我在 24 岁时眼睛突然出现了问题。看书三四分钟，眼睛就像被针扎了似的。即使不看书，眼睛也很敏感，甚至不敢面对窗口。我求助于纽哈芬及纽约市最出色的眼科大夫，但一点作用也没有。每天下午 4 点以后，我只能坐在房间最阴暗的角落里，等待上床睡觉。我内心十分恐惧，担心自己不得不放弃教师的工作，去西部做一个伐木工人。不久发生了一件奇怪的事情，显示了人类的意志对肉体上的疾病有着奇迹般的影响。

那是一个悲惨的冬天，我的眼睛情况极为糟糕，一个大学团体邀请我去发表一场演讲。演讲厅的天花板上悬挂着许多大灯，我的眼睛被强烈的灯光刺得疼痛难忍。我坐在台上，眼睛只能看着地板，等着被介绍上台演讲。然而，在 30 分钟的演讲过程中，我的眼睛完全不觉得疼，而且可以直接望着那几盏灯而不眨眼。但是，演讲结束后，我的眼睛又开始疼了。

当时我想，假如我能专注于一件事不仅仅是 30 分钟，而是一个星期的话，我的眼病也许就可以痊愈了。很显然，心理上的兴奋可以战胜身体的不适。

后来有一次，我乘船经过大西洋时也有过一次类似的经历。当时我的腰突然痛得很厉害，几乎无法走路，站直身子时更是痛得厉害。但就在这样的情形下，我应邀在甲板上发表一次演说。演讲开始后，我发现疼痛突然神奇地离我远去。我站得笔直，自如地活动着，讲了整整一个小时。演讲结束后，我轻松地回到自己的房间。那时我还以为自己痊愈了呢，但是腰痛很快又出现了。

这些经历使我深深体会到心理状态的绝对重要性。它们教导我，当你可以的时候，应该尽量享受生活。因此，现在的我真实地生活着，把每一天都当作自己生命中的第一天，也是最后一天。我对每天这种新奇而冒险的生活，始终觉得很兴奋，而一个内心兴奋的人永远也不会有烦恼。我喜欢自己每天的教学工作，还写了一本书叫《教学的快乐》。对我而言，教学不仅是一种艺术或一份职业，而是一种发自内心的爱好。我热爱教学，正如一位画家热爱绘画、一位歌手热爱唱歌一样。每天早上起床的时候，一想到自己的学生，我的内心就会涌现出无限的喜悦。我一直觉得，成功的最大要素就是热忱。

2. 我发现自己可以通过阅读一本引人入胜的好书，将烦恼抛到九霄云外。我 59 岁那年曾经经历过一段漫长而痛苦的心理历程，我的精神几乎陷入崩溃。于是，我开始阅读大卫·威尔逊的伟大著作《卡莱尔传》，它对我的思想产生了深远的影响。阅读这本书时，我几乎投入了全部的心力，以至于忘却了思想上的消沉。

3. 有一次，我的心情十分沮丧，因此我强迫自己从事剧烈的运动。我每天早上都会打五六场网球，然后洗澡、吃午饭，下午再打18洞的高尔夫球，周末则跳舞跳到子夜一点。我强迫自己多流汗，让沮丧和忧愁随着汗水统统流光。

4. 很早以前我就懂得如何避免做事匆忙，避免在过于紧张的情绪下工作。我试图学习威伯·克罗斯的生活哲学。他在担任康涅狄格州州长时曾对我说："当我面对繁杂的工作时，我会坐下来放松一下，抽根烟，整整一个小时什么事也不做。"

5. 我懂得耐心和时间对于消除烦恼大有裨益。当我因某事而烦恼时，我会正面看待这些烦恼。我会对自己说："两个月之后，这些烦恼都会消失殆尽，现在我又何必为之烦恼呢？为什么不采取两个月之后将采取的那种态度呢？"

永远给自己留条退路

——吉尼·奥特里 世界上最著名、最受爱戴的牛仔歌手

我发现，人们的大多数忧虑都牵涉到家庭事务与金钱。我很幸运地娶了一个来自俄克拉荷马州一个小镇的女人为妻，我们的家庭背景相似，兴趣爱好也基本一样。我们都尽量遵守这些金科玉律，因此，我们的家庭烦恼也减少了许多。为了尽量减少金钱上的烦恼，我采取了两种方法：

第一，我始终坚持一个原则，那就是诚实做人。假如我向别人借了钱，必须按时如数归还。诚实可以免去我们的许多烦恼。

第二，一旦我开展新的事业，总是留好后路。军事家们说，作战的首要原则是保持补给线的畅通。这个原则同样适用于个人的“战争”。举个例子，我小时候在得克萨斯州和俄克拉荷马州生活，在当地遭到干旱袭击时，我品尝过贫穷的滋味。尽管我们努力工作，但也只能勉强维持生活。贫穷使我必须驾着篷车，带着交换得来的马匹，为生活到处奔波。我渴望找到一份比较稳定的工作。后来，我在一个火车站找了个差事，在闲暇时学习拍发电报。不久，我换了工作，在佛里斯科铁路公司当一名轮班员。

我经常被派到各个地方去接替生病或休假的火车站站员，或者在他们忙不过来的时候提供支援。这份工作的月薪是 150 美元。当我出外开创更好的前途时，总觉得铁路公司这份工作能够极大地保障我的经济。于是，我总是保留着重新回去工作的退路，因为它就像是我的补给线，除非我已经找到了一个更稳定、更好的新位置，否则我永远不会将它关闭。

例如，1928 年，我就职于佛里斯科铁路公司，被派往俄克拉荷马州的齐尔市工作。一天晚上，一位陌生人走进车站办公室，要求拍发一封电报。他听到我弹吉他，唱着牛仔歌曲，称赞我弹得好，唱得也不错。他对我说，我应该到纽约的电台或戏院里找份工作。我还以为他是在奉承我。然而，当我看到他签在电报上的名字时，几乎惊讶得喘不过气来——威尔·罗杰斯。

但是我并没有立刻到纽约去，而是仔细掂量了一番。在连续思考了 9 个月以后，我决定到纽约去，我相信自己一定会有所收获。我有铁路通行证，可以免费乘车；困了，可以坐在火车上睡觉；饿了，可以吃些三明治、水果点心之类的食品。

到达纽约后，我找了一间带家具的房间住下来，房租是每周 5 美元。但是，我在街头流浪了 10 个星期仍一无所获。如果没有工作提供经济保障，我一定会急出病来的。我已经在铁路公司服务了 5 年，取得了就职的优先权，但是要想保留这项优先权，不可离职超过 90 天。当时，我已经在纽约待了 70 天，于是，我赶紧利用铁路通行证赶回俄克拉荷马州，继续从事原来的工作。我必须保证自己的补给线不会中断。

工作了几个月后，我存了一些钱，再次来到纽约。这一次，我取得了很大的进展。有一天，我一边在一间录音棚等待考试，一边对着女接待员弹唱《珍妮，我梦到紫丁香》这首歌，恰巧歌曲的作者纳特·斯切克劳特走进办公室。他很高兴听到有人演唱自己的歌曲，于是写了一张条子，让我到维多唱片公司去试试。我在维多唱片公司录了一首歌，但太生硬，很不自然。我接受录音师的劝告，回到杜沙，白天在铁路公司上班，晚上在当地电台演唱牛仔歌曲。我十分喜欢这种安排，它表明我的补给线是畅通的，在经济问题上我不再有任何烦恼。

我在杜沙电台演唱了 9 个月，期间与吉米·朗合作创作了一首《我那白发的父亲》，颇获好评。美洲唱片公司老板亚瑟·萨德利为此灌制了一张唱片，也获得了成功。后来我又灌了许多张唱片，并且在芝加哥 WLS 电台找到了一份工作，演唱牛仔歌曲，薪水是每周 40 美元。4 年后，我的薪水提高到每周 90 美元；与此同时，我开始在戏院登台表演，还有 300 美元的额外收入。

1934 年，机会降临了。当时好莱坞的制片商决定拍摄牛仔影片，他们需要一位会唱歌的新型牛仔。美洲唱片公司的老板是共和影片公司的股东之一，他对其他合伙人说："想找一个会唱歌的牛仔，我那里正好有一个。"

从此我进入了电影圈，周薪是 100 美元。在开始拍歌手牛仔影片时，我曾担心自己所拍摄的影片是否能够成功，但我并不忧愁，因为我知道自己随时可以回到原来的那份工作岗位。

我在电影上的成就远远超出了自己的意料，现在我的年薪已达 10000 美元，而且不包括我拍摄影片应得的红利。我知道这种状况不会永远保持下去，但我不忧虑，因为我知道无论发生什么意外——哪怕是失去了所有的钱——我都可以随时回到俄克拉荷马州，在佛里斯科铁路公司找到一份工作。我的补给线永远是畅通的。

生命的转折点

——凯瑟琳·霍尔康摩·法莫 亚拉巴马州莫比尔市副警长

3 个月以前，我陷入了烦恼之中，连续 4 天 4 夜无法成眠，并且连续 18 天无法吃下一点固体食物，甚至闻到食物的味道都感到很不舒服。我不知道该怎么形容自己所经历的精神折磨。我想那种生活跟地狱也许没有什么区别，我觉得自己快要疯掉或者死去。我知道自己不能再这样下去。

当我收到《人性的优点》这本书时，我的生活发生了翻天覆地的变化。事实上，在过去的 3 个月中，我就是依赖于这本书才活下来的。我仔细地阅读书中的每一页每一段，企图找到一种新的生活方式。令人惊讶的是，它确实使我的情绪安定了下来。现在，我已经能够应付每天的挑战。我知道，过去我之所以快要发疯，是因为我不仅为今天的问题而焦虑，而且为昨天已经发生和明天即将发生的虚无缥缈的事情而焦虑并且痛苦万分。

现在，每当我发现自己又开始烦恼时，便会马上停下来，运用这本书中介绍的某些原则。假如工作是今天必须完成的，我会马上去做，然后从大脑中清除掉它。

当我再次遇到以前几乎令我发疯的问题时，我也能镇定地运用书中的原则去解决它。首先，我问自己，可能发生的最坏情形是什么。然后，我试着从心底接纳它。最后，我会集中精力研究问题本身，看看怎样才能改善最糟糕的情况。

一旦我开始为一件无力改变而又不愿接受的事情感到烦恼，我便反复诵读下面这段简短的祈祷：

“愿主赐给我安宁，接受我无法改变的事物；赐给我勇气，改变我无法改变的事物；赐给我智慧，洞悉其中的差异。”

这本书使我经历了一种全新的、光明的生活方式，我不再任由焦虑摧毁我的快乐和健康。

现在的我，每天可以睡上 9 个小时，吃东西也津津有味。我敞开心扉，拨云见日，心境愉悦地去发现并欣赏这个世界的美。我感谢上苍赐予我生命，并且庆幸自己生活在如此美妙的世界。

我真心建议你也看一下这本书，把它放在床边，在有用的部分上做记号。研读它、运用它，因为它不仅仅是一本常识性的“读物”，更是一本新生活的向导！